特种经济动物养殖致富直通车

水貂
高效养殖关键技术

王利华　主编

U0256363

中国农业出版社

北　京

丛书序

　　近年来，山东省特种经济动物养殖业发展迅猛，已成为我国第一养殖大省。2016 年，水貂、狐和貉养殖总量分别为2408 万只、605 万只和447 万只，占全国养殖总量的 73.4%、35.4%和21.4%；兔养殖总量为 4 000 万只，占全国养殖总量的 35%；鹿养殖总量达 1 万余只。特种经济动物养殖业已成为山东省畜牧业的重要组成部分，也是广大农民脱贫致富的有效途径。山东省虽然是我国特种经济动物养殖第一大省，但不是强省，还存在优良种质资源匮乏、繁育水平低、饲料营养不平衡、疫病防控程序和技术不合理、养殖场建造不规范、环境控制技术水平低和产品品质低劣等严重影响产业经济效益和阻碍产业健康发展的瓶颈问题。急需建立一支科研和技术推广队伍，研究和解决生产中存在的这些实际问题，提高养殖水平，促进产业持续稳定健康发展。

　　山东省人民政府对山东省特种经济动物养殖业的发展高度重视，率先于 2014 年组建了"山东省现代农业产业技术体系毛皮动物创新团队"（2016 年更名为"特种经济动物创新团队"），这也是我国特种经济动物行业唯一的一支省级创新团队。该团队由来自全省的 20 名优秀专家组成，设有育种与繁育、营养与饲料、疫病防控、设施与环境控制、加工与质量控制和产业经济 6 大研究方向 11 位岗位专家，以及山东省、济南市、青岛市、潍坊市、临沂市、滨州市、烟台市、莱芜市8个综合试验站1名联络员，山东省财政每年给予支持经费350万元。创新团队建立以来，专家们深入生产一线开展了特种经济动物养殖场环境状况、繁殖育种现状、配合饲料生产技术、重大疫病防控现状、褪黑激素使用情况、屠宰方式、动物福利等方面的调查，撰写了调研报告17篇，发现了大量迫切需要解决的问题；针对水貂、狐、貉及家兔的光控、营养调控、疾病防治、毛绒品质和育种核心群建立等30余项技术开展了研究；同时对"提高水貂生产性能综合配套技术""水貂主要疫病防控关键技术研究""水貂核心群培育和毛皮动物疫病综合防控技术研究与应用""绒毛型长毛兔专门化品系培育与标准化生产"等6项综合配套技术开展了技术攻关。发表研究论文158篇（SCI 5篇），获国家发明专利16项、实用新型专利39项、计算机软件著作权4项，申报山东省科研成果一等1奖，获得山东省农牧渔业丰收奖3项、山东省地市级科技进步奖10项、山东省主推技术5项，技术推广培训5万余人次等。创新团队取得的成果及技术的推广应用，一方面为特种经济动物养殖提供了科技支撑，极大地提高了山东省乃至全国特种经济动物的养殖水平，同时也为山东省由养殖大省迈向养殖强省奠定了基础，更为出版《特种经济动物养殖致富直通车》提供了丰富的资料。

《特种经济动物养殖致富直通车》包括《毛皮动物疾病诊疗图谱》《水貂高效养殖关键技术》《狐狸高效养殖关键技术》《貉高效养殖关键技术》《肉兔高效养殖关键技术》《獭兔高效养殖关键技术》《长毛兔高效养殖关键技术》《梅花鹿高效养殖关键技术》《宠物兔健康养殖技术》。本套丛书凝集了创新团队专家们多年来对特种经济动物的研究成果和实践经验的积累，内容丰富，技术涵盖面广，涉及特种经济动物饲养管理、营养需要、饲料配制加工、繁殖育种、疾病防控和产品加工等实用关键技术；内容表达深入浅出，语言通俗易懂，实用性强，便于广大农民阅读和使用。相信本套丛书的出版发行，将对提高广大养殖者的养殖水平和经济效益起到积极的指导作用。

山东省现代农业产业技术体系特种经济动物创新团队
2018年9月

前 言

　　水貂养殖业属于劳动密集型和外向型产业，因为每张原料皮的生产都要经过饲料、运输、贸易、营养等方方面面的协作。整个产业是由多行业所支撑的平台，水貂养殖业的发展可以拉动相关产业的发展。水貂产业在促进农民增产增收、繁荣农村经济和完善畜牧产业链以及维护生态平衡、保护野生动物资源等方面发挥着举足轻重的作用。随着毛皮服饰开始走向时装化、大众化、国际化，世界毛皮消费量逐渐增加，而且用廉价的畜禽副产品生产优质的裘皮制品既经济又环保。因此，水貂养殖业的存在有其合理性和市场需求。

　　我国水貂养殖始于 20 世纪 50 年代，尽管起步较晚，但发展迅猛，已初步形成产业化。虽然我国的水貂养殖已形成产业化、规模化，但水平仍较低。落后的饲养模式、陈旧的设施设备和传统的养殖观念已经制约了水貂养殖业的发展。我国所生产的皮张质量与国外相比差距仍很大，我国生产的毛皮在国际市场上没有竞争力。中国皮张售价仅是国外同类产品的 60%～70%，原料皮不能直接进入国际市场，而且国内加工高档裘皮服装 90% 选用进口貂皮，出现了中国是全球最大的原料皮的生产国，同时也是最大进口国的尴尬局面。

　　2013 年以来，毛皮行业的持续低迷，对我国水貂养殖产业冲击很大，一批小规模养殖户陆续退出水貂养殖，但由此也会推动水貂养殖市场的重新整合，推动水貂标准化和规模化养殖的进程。

为了提高水貂养殖水平，打破水貂养殖的传统观念，注入新思维、新技术，完成水貂产业的转型升级。山东省现代农业产业技术体系特种经济动物创新团队组织编写了《水貂高效养殖关键技术》一书。本书的编者均是长期从事水貂养殖的教学、科研和技术服务的一线人员，具有较高的理论水平和丰富的实践经验。本书的编写也是立足于解决水貂生产中的技术问题，引入先进的水貂养殖理念。本书在参阅中外大量文献的基础上，详细介绍了水貂生物学特性及品种特点、貂场的建场和环境控制技术、水貂繁育技术、营养需要与饲料配制技术、水貂的饲养管理技术、疾病防控技术、水貂皮的初加工技术。本书内容实用，文字通俗易懂，适合水貂养殖专业户、养殖场负责人及技术人员阅读使用，也适合农业技术人员及农林院校相关专业师生参考。

由于编者时间和经验有限，书中所涉及的问题可能未能涵括水貂生产中的所有问题，有些观点难免出现一些不当之处，恳请广大同仁提出宝贵意见和建议，以期不断完善！

编　者

2018 年 10 月于青岛

目 录

第三章　貂场的建场和环境控制关键技术

第四章　水貂繁育关键技术

第七章 疾病防控关键技术

水貂高效养殖关键技术

第八章 水貂皮的初加工技术

第一章
我国养貂业现状

第一节 水貂养殖的价值

水貂养殖业是全球最大和最主要的毛皮动物养殖产业。作为裘皮服装和服饰用途的水貂皮原料是全球四大裘皮原料（貂皮、狐皮、羊皮和兔皮）之一。水貂养殖具有重要的生态学价值和经济价值。

一、水貂养殖的生态学价值

1. 降低野生资源压力　野生毛皮动物具有很高的利用价值，在人工养殖不成规模之前，这些产品通常要来自于对野外个体的捕捉和猎杀，因而给许多野生毛皮动物种群带来了极大的生存压力，甚至造成严重的破坏。发展野生动物养殖是解决这一问题的根本途径，可以有效地减少人类需求对野外种群的压力。20世纪50—70年代野外资源遭到掠夺式开发，直到人工养殖业的迅速崛起才逐渐有所好转。据统计，20世纪80年代中国的毛皮产品直接来源于野外的占40%～45%，到90年代末已降到不足12%，这证明了毛皮动物养殖在缓解野外种群压力上的作用。

用动物的毛皮来制作服装，虽然国际争议较大，但事实上人类早就开始这样做了。古代人用动物的毛皮来遮风御寒。近代社会里它们则变成了奢侈品，而现代社会里它们又演变成为日常生活品。随着毛皮服饰开始走向时装化、大众化、国际化，整个世界的毛皮消费量在增加。从消费者的心理看，毛皮产品的质地是任何棉、麻、丝绸、化纤所无法达到的，甚至是无法取代的。因此，毛皮动物养殖业的存在有其合理性。

水貂在行为上已经适应了人工环境，在遗传性状上有别于野外种群，形成了特有的品种和优良的经济性状。水貂养殖业技术比较成熟，养殖数量、产品产量及产品质量也都相对稳定。因此，水貂养殖是野生水貂驯养的高级阶段，已接近于畜牧业。

2. 生产绿色环保的皮草面料 皮草面料是环保、可持续、可降解的。皮草通常能够穿很长时间，保存几十年，而且可以很快自然降解。其他的流行服饰，使用的大多是加重环境负担的材料（其中 80% 都是不能生物分解的合成纤维，降解需要几百年甚至上千年）。相对于快速时尚的服装行业其他材料，皮草其实更环保。

由于水貂的饲料配料主要来自于鸡肉和鱼肉加工厂的下脚料，一只水貂一生可以消耗约 50 千克这样的下脚料，用廉价的畜禽副产品生产优质的裘皮制品，既经济又环保。水貂养殖场本身的副产品也可被最大限度利用，如水貂脂肪被用来生产生物柴油等低碳能源等。因此，水貂饲养可实现生态养殖和可持续发展。

二、水貂养殖的经济价值

1. 提供毛皮产品及副产品 水貂是珍贵的短毛型毛皮动物，其经济价值主要体现在它的皮张上。水貂皮是高档裘皮原料，以其毛的细密、平齐、光泽性好、富有弹性、板质坚韧轻柔而素有"裘皮之王"的美称，是世界裘皮市场的当家品种，售价昂贵。貂皮可制作高档的裘皮大衣、皮领、帽子等，具有保暖、轻柔、华丽、穿着舒适等特点。

水貂除主要提供毛皮产品外，还为人们提供大量的副产品，如貂鞭、貂心、貂肉、貂油、貂粪等。这些副产品中有许多是我国传统的中药材，如貂心具有很高的药用价值，用其生产的利心丸，对治疗风湿性心脏病、充血性心力衰竭有独特疗效；用貂的睾丸和阴茎（貂鞭）制成的药酒，具有滋补壮阳的功效。貂油含有丰富的不饱和脂肪酸，除食用外，现已成为制作高级化妆品和香皂的原料。貂油对皮肤病（湿疹、皮肤过敏等）的治疗及预防均有良好效果，特别是对干燥鳞状的皮肤炎效果更为明显。貂肉营养丰富，蛋白质含量可与鸡肉媲美。貂粪是农作物的优质肥料。

2. 形成完善的产业链和配套产业 毛皮动物养殖业属于劳动密集型和外向型产业，因为每张原料皮的生产都要经过饲料、运输、贸易、营养等方方面面的协作。整个产业是由多行业所支撑的平台，毛皮动物养殖业的发展可以拉动相关产业的发展，最直接的拉动是动物饲料业、动物毛皮加工业、毛皮机械业、毛皮服装业等产业，这些配套产业现在都已基本稳定。在中国，皮草行业就业人口达 700 万人，惠及 2 000 万人的生活。

受行业产能过剩及出口疲软，特别是俄罗斯市场不振的影响，自 2015 年开始，我国水貂养殖数量开始减少，但每年水貂皮的产量仍可维持在 3 000 万张以上。全国从事毛皮动物饲料生产的厂家不少于 500 家，大多集中在山东、河北、黑龙江、辽宁、吉林等地区。最近一些年来，动物毛皮加工业发展很快，全国毛皮鞣制加工企业已达到 2 000 多家，并形成了区域格局。广东以水貂、蓝狐等动物毛皮为主；江苏、浙江主要加工各类杂皮；河北大营是世界兔皮加工最大的地区；河北尚村、留史主要以鞣制国产水貂皮、蓝狐皮、獭兔皮、黄鼬皮、貉皮、牛马皮为主；河北辛集是目前毛、革两用皮加工的主要基地。从加工能力上看，仅广东地区 2005 年就加工了水貂皮 1 500 万张以上。毛皮加工数量的增加还带动了化工产业的发展，化工材料的使用量也因此有了大幅度增加，水貂等高档皮的加工材料如染料、助剂等也在 2005 年后基本实现国产化。

随着毛皮加工数量的增加，近几年来相关的毛皮机械也在不断增加。划槽、剪毛机、烫毛机、削匀机、削薄机、吊染机等均已实现国产化。国产的毛皮脱脂机质量也有了很大提高，在国内市场占有一定份额。

毛皮动物养殖的最终产品包括毛皮服装、毛皮配饰、毛皮包袋、毛皮鞋靴、毛皮毯、毛皮坐垫等，中国在这些产品的加工方面已经具备雄厚实力，拥有 1 000 多家毛皮加工企业，提供的就业岗位有 15 万～20 万个（不包括从事毛皮及其制品贸易的公司、批发商、零售商），这些产业的发展不仅促进了经济发展，也推动了整个毛皮动物产业平台的发展。

第二节　水貂养殖的发展概况及趋势

经过多年的发展和积累，水貂业已逐渐成为毛皮动物的主导产业，我国也成为世界上最大的毛皮产品生产国、出口国和消费国。水貂产业在促进农民增产增收、繁荣农村经济和完善畜牧产业链，以及维护生态平衡、保护野生动物资源等方面发挥着举足轻重的作用。

一、国外水貂养殖发展概况

1. 国外水貂养殖历史　1920 年，第一个水貂养殖场在斯堪的纳维亚建立。20 世纪 30 年代时，水貂养殖业跟随银黑狐由北美洲进入北欧并迅速在丹麦、芬兰立足。第二次世界大战后不久，北欧（丹麦、芬兰、挪威和瑞典）成为最重要的水貂生产地。目前水貂皮生产量最多的国家依次为中国、丹麦、芬兰、美国。其中，美国的水貂养殖历史最长，饲养技术最先进。我国的水貂种源主要引自丹麦和美国。

2. 国外水貂养殖模式　当前，国外的水貂养殖业发展模式以美国和丹麦为代表的北美模式和北欧模式为主。两种养殖模式都是在行业协会领导下的合作社制度，产业竞争的重点都是放在国际市场，而非地区内或地区间。从事水貂养殖的小业主以自愿的形式加入合作社，提供所生产的毛皮，合作社统一组织运作市场，按照社员提供的毛皮量来分配净收益。合作社负责为成员提供相关设施及各项配套服务，包括建立种兽繁育场、饲料加工厂、饲养设备加工厂、毛皮拍卖行、研发中心，同时与大专院校、科研单位合作，开展育种、营养、设备、疾病防治、市场开发等多方面的研发工作。作为社员的业主只需支付相关服务的成本费用，主要负责水貂的饲养；种兽由指定的种兽场提供；饲料由专门的饲料加工厂统一配制加工，送货上门；棚舍、笼箱、饲养设备、取皮设备等用品由专门的饲养设备加工厂制作。这种合作社制度使北欧和北美的饲养场综合实力显著提高。机械化喂食、自动化饮水、半机械化取皮，加上现代化的计算机系统，极大地提高了生产效率。一般饲养1万只水貂的养貂场只需1～2人，饲养10万只水貂的只需10人从事日常管理工作。由于种兽、饲料、技术、管理、经营模式的统一，保证了各项管理工作的科学化和规范化。因此，水貂的生产水平、产品质量水平都较高且相对稳定。

在管理方面，各国是通过本国的毛皮养殖协会对全国养殖场进行领导管理。各养殖场严格参照由毛皮委员会制定的标准进行养殖生产，管理工作非常规范有序。

在销售方面，国际上主要采取拍卖会的形式出售毛皮。养殖户首先按毛皮的等级进行分类，然后通过毛皮中心以拍卖方式出售。毛皮中心对毛皮进行取样、分级与储存后，参照统一的毛皮等级划分标准，保证养殖户的产品卖到最理想的价格，同时负责拍卖后毛皮的包装、运输，以促进裘皮拍卖顺利进行。目前全球一半以上的毛皮交易业务是在哥本哈根完成，原皮的世界价格也是在隶属于丹麦毛皮饲养协会的哥本哈根毛皮中心举办的拍卖会上制定的。

在动物福利方面，欧美国家毛皮养殖户十分重视动物保护，尊重动物生长权利，完全按照"毛皮动物福利联盟遵守人道的标准"饲养动物，屠宰方式上也采取人道主义。在美国，养殖户要严格遵守美国兽医医疗协会的建议，对养殖的貂采取安乐死。他们认为，对动物实行人道主义，更是所有毛皮动物养殖户的责任和义务。

正因为欧美国家在水貂饲养、管理、产品加工、销售等各个环节都有相对完善、配套的制度和体系，所以这些水貂生产强国在面对中国这样一个生产大国时，依靠自身的优良种源和产品质量，始终保有自己的竞争优势，在水貂国际市场上处于不败的地位。

二、我国水貂养殖发展概况

（一）我国水貂养殖历史

我国的水貂养殖起源于 1956 年引入的 50 只水貂，虽然起步较晚，但发展迅猛。即便是在当前水貂产业低迷时期，我国的养殖规模也已超过丹麦、芬兰、美国等主要养殖大国，养殖总量居世界之首。养殖区主要集中在山东、河北、辽宁、黑龙江、吉林、内蒙古、山西、宁夏、北京天津及新疆等地。

目前，我国已成为世界上最大的水貂饲养国、毛皮进口国、毛皮加工国和毛皮消费国。我国特种经济动物养殖业呈现出"小动物、大市场"的产业特色，初步形成产业化，在畜牧业中所占比重逐年提升。2016 年我国水貂取皮数量4 450万张左右，取皮数量最大省份为山东省，约占全国水貂取皮总量的 70.20％；辽宁省位居第 2 位，约占 14.91％；黑龙江省位居第 3 位，约占 10.55％。3 个省份的水貂取皮数量约占全国水貂取皮总量的 95.66％。

（二）我国水貂养殖模式

我国水貂养殖方式主要有庭院式养殖、场区式养殖和小区式养殖三种。庭院式养殖是在养殖户住宅的庭院里建舍养殖，普遍养殖环境及配套设施较差，采用此方式的多为散户（49%）。场区式养殖建有专门的养殖场区，经营及加工较为规范，采用此方式的多为独资或股份合资型企业（39%）。统一规划小区式养殖是由政府或龙头企业牵头，规划养殖集中的小区，配备相应的硬件条件，从业人员在指定的小区内独立饲养（12%）。

饲喂方式方面，养殖场（户）除自配料外，还选择饲料加工企业生产的颗粒饲料、鲜饲料等进行配合饲喂。疫病防控方面，我国国产疫苗保护率较好，接种率达90%，多年来没有重大疫情发生。皮张的销售方面，以原皮为主，规模较大的养殖企业一般有较稳定的客户、承销渠道，而大多数养殖户坐等皮货商（经济人）上门收购。全国目前成型的毛皮交易市场有9处，其中规模最大的是尚村毛皮市场（35%）。

行业管理上，因各省份机构设置不尽相同，所以水貂饲养分别隶属于农业局、畜牧局、林业局（野保站）、特产局等；从行业自律管理的角度，有协会、联谊会、合作组织等多种组织形式，多为市（县）及村镇级组织，尚无全国的行业协会组织。

（三）我国水貂养殖存在的问题

虽然我国的水貂养殖已形成产业化、规模化，但其程度较低。我国所生产的皮张质量与国外相比差距仍很大，皮张的售价仅是国外同类产品的 60%～70%，且原料皮不能直接进入国际市场，国内加工高档裘皮服装 90% 是选用丹麦、美国生产的貂皮。我国虽然是水貂养殖大国，但都绝非强国，存在很多影响发展的共性制约因素，亟待解决。

1. 种源品质差　中国目前除了少数几家大型的水貂养殖场达到国际先进水平外，大多数农村小型的家庭式人工饲养水貂的品种相对落后，缺乏提高水貂种群质量的管理意识，导致水貂谱系不分，近亲繁殖，种群质量参差不齐，优良貂种存栏率不到 20%。因没有全国性统一规范的水貂育种场，水貂品种培育和改良技术与水貂养殖业发达国家相比落后很多，每年都要从国外引进优良貂种以满足国内市场的需求。20 世纪 80 年代以来，我国已累计引入近几十万只的欧美种貂对我国水貂品种进行改良。但所饲养的这些改良型水貂表现出发育迟缓、体型变小和毛绒稀疏、毛色不正、无光泽、背腹毛差异明显及杂毛等严重退化现象，水貂皮价格仅为欧美貂皮价格的 1/3～1/2，且只能销售给俄罗斯、乌克兰及土耳其等低消费水平国家，无法进入欧美等经济发达国家，从而大大降低了我国养貂业的经济效益，严重阻碍了养貂业的持续发展。

造成动物品种退化的主要原因：①人们不重视科学选种选配，致使种质资源质量逐年下降，这也是我国水貂养殖业无序发展的结果。尤其在行情好时，大量的跟风扩群，使得"是母就留种"的现象比比皆是，严重限制了品种的改良进程；②人们只重视从国外引进优良种兽进行改良，却不重视对改良后动物优良性状的培育，即不重视培育适合我国饲养条件下的优良动物新品种。我国水貂种质资源一直处于引种—退化—再引种—再退化的恶性循环怪圈状态。充分开发、利用我国地方优势品种进行新品种（品系）的培育已刻不容缓。同时，也亟待建立起水貂优良种源基地和良种推广体系，推广普及先进技术，逐步改变发展落后局面。

2. 生产和饲养管理水平低 我国水貂养殖业的生产水平和饲养管理水平相对落后，水貂群平均产仔数除了少数几家大型水貂养殖场达到 4.5 只外，大部分水貂养殖场为 3.5 只，甚至个别水貂养殖场只有 2.5 只，而国际先进水平水貂养殖场的群平均产仔数都为 4.5～5.5 头。按照我国 2005 年统计的水貂存栏数（250 万头）计算，我国的水貂皮产量比丹麦等国少产水貂皮近 250 万张。

我国的水貂养殖业发展虽然经历了几十年的时间，但仍没有统一的饲养标准，没有形成干（鲜）饲料统一的加工体系，因此不论大小养殖场都存在忙于饲料采购、运输、贮藏和加工的问题。花费掉饲养者的大量精力，仍不能保证饲料的稳定供应和质量，营养水平不能满足水貂生长和生产的需要，不能发挥潜在的生产能力。

在管理方面，我国水貂养殖以小规模养殖户分散的庭院式养殖方式居多，他们缺乏科学的繁育、饲养和疾病防控等技术，往往根据自己的养殖经验开展养殖，统一饲养、统一技术指导、统一加工等生产技术环节难以实现，致使其生产水平落后，皮张质量严重下降，缺乏市场竞争力，养殖风险加大。在丹麦，一个饲养上万头的水貂养殖场平常只需要 10 人从事饲养管理工作，而我国这样规模的水貂养殖场则需要 30～40 人。

3. 疫病防控重视不够 疫病风险是水貂养殖过程中的

主要风险之一，做好动物疫病防控工作是保障产业健康发展的有效措施。目前我国水貂疫病综合防控技术体系不够健全，存在的主要问题是病原复杂，病原变异速度加快，新的病原不断出现；缺乏标准化的诊断检测技术；众多养殖场（户）缺乏生物安全意识；专用的投入品不健全，如饲料产品、兽药产品和生物制品的匮乏等；尚未建立有效的养殖废弃物无害化处理机制等。以上问题都严重制约了生产性能的提高，降低了产品质量，甚至威胁到公共安全。

4. 产品开发不足 我国水貂产品加工技术落后，机械化水平低，缺乏深加工的意识和能力，无法形成系统的与行业组织配套服务的产业链条。伴随全球经济一体化的发展，毛皮产业竞争越发激烈，只有建立自己的裘皮服装品牌，增加产品种类，提高产品附加值，实行品牌战略才能提高核心竞争力。然而我国的水貂产品加工业却少有自己的知名品牌，大部分企业都是为国外企业贴牌生产。

另外，裘皮消费与经济发展水平呈高度正相关，高的经济增长速度促进裘皮制品的消费。随着我国经济的不断增长，人们生活水平的不断提高，大众对奢侈消费的认知程度也越来越高，裘皮制品虽然昂贵，但近年来已逐渐被人们所接受。因此，我国裘皮有巨大的消费市场潜力，这就需要裘皮加工企业下功夫引导消费，培育国内市场，扩大内需。

5. 动物福利观念淡薄 中国部分中小规模水貂养殖场受市场利益的驱动，仍存在养殖空间狭小、不人道屠宰水貂等现象。这种不重视动物福利的现象已经引起一些组织和国家的注意。目前，世界上已有100多个国家制定了比较完善的动物福利法规。中国在这方面却一直处于落后状态，如果不改变观念，不采取善待动物的措施，中国的水貂皮产品将很难销往欧盟、北美等国家和地区，在国际市场上立足。

目前，动物福利的理念在国际贸易中越来越受到重视，而我国因为在动物养殖过程中对动物福利重视程度不够，严重影响了消费者的消费心理，出现了对某些动物产品的抵制，部分欧盟动物福利保护组织甚至呼吁欧盟进行立法以抵制对我国动物产品的进口，瑞士政府已经制定法律禁止进口原产自中国的裘皮产品。因此，动物福利对于动物产业的健康长久发展尤为重要，它强调更为科学、合理、人道地饲养及利用动物，使其从生理、环境卫生、行为、心理等方面受到良好对待。动物福利状况的改善，可以使动物产品得到消费者的认可和接受，打破国际贸易中存在的动物福利壁垒。更重要的是，动物福利状况的改善还可以保证产业文明的健康发展。

三、水貂养殖发展趋势

随着经济全球化的深入发展，世界经济增长进程放缓，全球需求结构发生明显变化。我国经济进入"新常态"，面临着减速换挡，水貂产业市场会持续低迷，传统分散的农户饲养方式逐步退出，整个产业重新整合，水貂的养殖逐步向规模化、设施化和标准化的饲养方式转变，我国特种经济动物养殖的标准化水平逐年提升，这也是水貂养殖转型升级、提质增效的契机。

从长远看，发展水貂生产仍有巨大增长潜力。裘皮制品作为历史悠久的高档消费品，深受国内外消费者的青睐，其消费需求呈不断上升的态势。从国际市场看，俄罗斯拥有大约 1 亿人的庞大消费群体，是我国裘皮的主要出口国。除欧洲传统裘皮消费市场外，中国、日本、韩国等地已成为新兴的裘皮消费市场，且消费额已占到世界裘皮消费市场的 60% 以上，比例还在逐年上升。在我国，居住在东北、西北、华北及西南高海拔的寒冷地区人口有 5.4 亿，所以用于御寒的裘皮服装具有庞大的内需空间。

毛皮制品消费的增加，价格的提升，有利于提高养殖效益，吸引越来越多的资本、技术和人才等资源进入水貂产业。产业化龙头企业的发展壮大，先进经营模式和养殖技术的推广普及，将有利于提高农户养殖水平和组织化程度，带动水貂生产的增产增效。因此，必须加快产业化进程，逐步完善产业链条，加快产业的转型升级，并加强行业协会建设，有效调控产业规模，完善组织化程度，抓好合作社、示范区和示范园建设，提高养殖组织化和专业化的程度，推进水貂生产与加工的利益联结机制，引导行业持续健康发展。积极发展与水貂养殖规模相匹配的饲料生产、屠宰加工、精深加工项目、交易市场和配套服务项目，打造特种经济动物全产业链。与其他行业紧密合作，在引进加工企业、建设毛皮拍卖行等工作上为产业提供更多的服务。大力发展规模化、标准化养殖，改变粗放型的养殖模式，力争做到养殖机械化、管理精细化、防疫制度化、生产规模化、粪污处理无害化和资源化，推动产业转型升级。

未来需要紧紧抓住中国经济转型和产业升级的重大契机，以科技进步为支撑，建立健全良种繁育、疾病防控、饲料加工、养殖管理、污染防治科技创新体系，推进国内水貂养殖业结构调整和经济发展方式转变，由数量增长型向质量效益型、资源高耗型向资源节约型、环境污染型向环境友好型转变，实现水貂养殖业健康可持续发展。

第二章
水貂生物学特性及品种特点

第一节　水貂的生活特性

一、水貂的生物学特性

水貂系食肉目（carnivora）鼬科（mustelidae）鼬属（*Mustela linnaeus*）的一种小型珍贵毛皮动物，原产于北美和西欧。水貂体形细长，头小而粗短，耳壳小，四肢较短，前后肢均有 5 趾（指），趾间有微蹼，后肢间蹼较前肢明显。肛门两侧有一对肛腺，又称骚腺。遇到敌害或人工捕捉时，骚腺便分泌骚液。目前，国内外广泛人工饲养的水貂均为美洲水貂的后裔。一般成年公貂体重为 2 000～2 200 克，体长40～45 厘米；成年母貂体重为 800～1 100 克，体长 34～37厘米。尾长为体长的 40％～57％（图 2-1）。

水貂属半水生动物，善游泳和潜水。野生水貂多生活在近水带，利用自然形成的岩洞做巢。因此，在笼养条件下要给予充足饮水和可供嬉水的环境。水貂是肉食性动物，人工饲养时也必须以动物性饲料为主。在野生条件下，以鱼、虾、蛙、鼠、蛇、野兔、鸟类等为食，并有贮食习性，在人工饲养时也保持该习性，常把饲料叼入小室。水貂性凶猛、

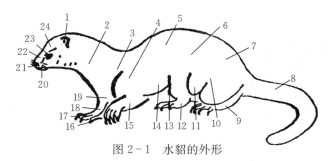

图 2-1　水貂的外形

1.耳　2.颈　3.肩　4.胸　5.背　6.腰　7.臀　8.尾　9.跗　10.股
11.膝　12.后足　13.鼠蹊　14.腹　15.前臂　16.爪　17.前足
18.腕　19.前胸　20.下颌　21.鼻镜　22.颊　23.眼　24.额

好斗、昼伏夜出。

水貂视觉较弱，听觉灵敏，行动敏捷，性情凶猛、攻击性强。一般在日出前和日落后不久活动。水貂防御能力较差，只能靠喷射异臭的"骚腺液"惊扰敌害，主要是凭借小而灵活的身体在多空隙的树丛、乱石堆或其他物体隐蔽前进，以逃避敌害。

成年水貂保持相对稳定的体温，直肠温度 38.5～39.5 ℃。在昼夜周期中水貂的体温有所波动，清晨 2:00—4:00 较低，下午 2:00—4:00 最高，其波动范围不超过1 ℃。在昼夜周期中，公貂比母貂体温波动要大一些，其体温下限低于母貂而上限高于母貂。成年水貂的体温冬夏差别不大。在体温接近 42 ℃时，如果没有良好的通风条件和足够的饮水，则易发生热射病而死亡。

二、水貂的繁殖特性

水貂属长日照动物即春季发情，在繁殖季内有 2～4 次发情，每个发情周期 6～9 天，发情持续 1～3 天，不应期 5～6 天。年产 1 胎，每年 2—3 月发情配种。发情时间与纬度有关，一般纬度高的地区发情晚，纬度低的地区发情早。一般 4 月下旬至 5 月中旬产仔，妊娠期平均 46 天左右，每胎产仔一般 4～8 头，平均 6 头左右，最多可产 15 头，也有产独子的。仔兽 45 日龄断乳，3 月龄就可长足体尺，9 月龄性成熟即可配种。水貂的寿命为 12～15 年，8～10 年有生殖能力，2～3 岁繁殖率最高，4 岁以后繁殖率逐步下降。

水貂是季节性繁殖动物，无论公貂还是母貂，它们的生殖系统和繁殖活动均随着季节的变化而发生规律性的年周期变化。幼龄公貂在 7 月龄内、成年公貂在 6—11 月，睾丸的重量及其机能变化较小，处于萎缩和退化状态。秋分后随着光照时数的缩短，公貂睾丸开始发育，初期发育缓慢。一般从 11 月下旬开始，睾丸下降到阴囊内，其重量和体积开始日益加重和增大。随着冬毛的成熟，睾丸加速发育，机能也逐渐恢复和增强。3 月上、中旬性欲旺盛，春分后随着光照时数的增加，配种季节结束，睾丸开始萎缩，重量减轻，体积缩小，配种能力明显下降。夏季睾丸重量维持在 0.3～0.5 克，仅为配种期重量的 1/7～1/5，体积仅为配种期的 1/5～1/4。

母貂的卵巢具有明显的季节性变化。母貂卵巢在非配种季节平均重约 0.3 克、长约 4.17 毫米、宽约 2.57 毫米，在配种季节平均重量约 0.65 克、长约 4.31 毫米、宽约 2.77 毫米。母貂卵巢重量和体积的增大主要是由于卵泡的生长。10 月时卵巢上的滤泡很小，仅为 0.5～0.7 毫米，表面显得较为平整，卵巢的重量一般为 0.3 克左右。从 12 月中下旬起，原始卵泡的数量及其中卵细胞的体积明显增加，色泽亦开始逐步变红，卵泡的最大直径可达 0.9～1.0 毫米。一般认为，当卵泡直径达 1.0 毫米时，母貂就开始出现发情和求偶征兆，此时母貂卵巢重量可达到 0.65 克。4 月下旬至 5 月上旬，成年母貂卵巢重量逐渐减小。多数育成母貂的卵泡和排卵期数少于同期成年母貂，因此胎产仔数比成年母貂少。7—12 月，成年母貂和育成母貂输卵管的重量很小。2 月下旬，输卵管重量达到最大，妊娠之后又逐渐减小。7 月至 11 月下旬，母貂子宫重量最小，从 11 月末起子宫逐渐增大，妊娠期子宫进一步增大。母貂的阴门在 1 月出现轻微肿胀；2 月下旬变化明显；3 月上、中旬，90％以上的母貂出现发情表现，阴门肿胀或裂开，以后逐渐缩小。

水貂在交配后 60 小时、排卵 12 小内完成受精过程。受精卵一面慢慢向子宫角移动，一面进行着自身的细胞分裂过程。首先受精卵经过 5～6 次的均等分裂成为桑葚胚，然后继续分裂成囊胚，到交配后的第 8 天发育成胚泡。胚泡进入子宫角后，由于子宫黏膜还不完全具备附植的条件，胚泡不能立即附植正常发育，而是进入一个发育异常缓慢、相对静止的游离状态，这段时间称为胚胎滞育期（或潜伏期），通常持续 1～46 天，这种现象称为胚泡延迟植入。当体内孕酮（黄体酮）水平开始增加 5～10 天后，胚泡才附植于子宫内，进入胎儿发育期。

水貂妊娠期之所以差异很大，主要是受长短不定的滞育期的影响。滞育期的时间，主要受母貂血浆中孕酮含量的直接影响，孕酮水平低是导致胚泡滞育的主要因素，因此水貂胚胎滞育期的时间取决于黄体的发育情况。黄体的发育又与光周期变化规律密切相关。水貂配种后随着春分后日照时数的逐渐增加，其体内褪黑激素每日持续时间逐渐缩短，导致催乳素分泌增加，从而启动黄体的孕酮分泌，使子宫内膜进一步发育，为胚泡着床做好准备，终止水貂的胚胎滞育。因此在配种季节里，水貂无论何时交配，其胚泡附植总是发生在 4 月初（春分后），而交配后人为有规律地增加光照时间，可缩短滞育期。由于滞育期胚泡处于游离状态，所以死亡率很高。在水貂滞育期，胚泡可以自由地从子宫角一侧转移到另一侧，最终导致两个子宫角中有基本上同等数量着床的胚泡。

三、水貂毛皮的季节性变化

毛生长到一定时间就会渐渐从毛囊中脱出，并被新毛代替的过程称为换毛。

水貂每年换毛 2 次，春季脱冬毛长夏毛，秋季脱夏毛长冬毛，属于周期性季节换毛。水貂一出生，全身就有胎毛，2～3 周龄时有初级毛绒，50～60 日龄时换为夏毛，8 月末冬毛开始生长发育。

12 月至翌年 3 月，水貂的毛囊处于静止期，春季换毛从 4 月开始。春分后随着配种季节的结束，冬毛失去光泽并从躯体各部位开始脱落。4 月底在鼻端、眼睛周围和肢端开始长出夏毛。随后新毛沿躯体前部向臀部方向开始生长，从腹部向体侧再到背部也长出新毛。7 月初除了尾部外，其余部位全部长出夏毛，7 月底换毛结束。换毛顺序是先从头部和足部，逐渐由前向后扩展，臀部与尾部最后脱换，新生的夏毛也按照此顺序先后长出。水貂皮肤随着换毛顺序也相应发生变化。在新毛形成部位，皮肤随之增厚，有粉红色的色素出现，并逐渐变成暗黑色，皮肤松弛，脂肪量增大。随着新毛的成熟，皮肤逐渐变薄，皮肤中的色素也随之减少。夏毛成熟后，皮肤呈灰色，干枯而变薄，白度与柔软度比冬皮差；针毛少而短，绒毛稀疏。

随着日照时间的逐渐缩短，一般在 8 月下旬，日照时间为 12.5～13.5 小时，皮肤中冬季新毛开始生长发育。秋分后，夏毛脱落，冬毛长出。秋季比春季换毛快，换毛顺序与春季换毛顺序正好相反，先从尾部开始，经臀部、躯干向头部扩展，11 月底换到鼻端，12 月初冬毛全部长成。由于身体前部毛短，生长期也短；臀、尾部毛长，生长期也长，因此毛皮还是身体前部先成熟，臀、尾部最后成熟。被毛生长接近成熟的部位，其皮板上的色素就少。当皮肤中的色素全部供给被毛时，毛皮完全成熟，皮肤紧密而洁白。

第二节　水貂的品种

在野生状态下，水貂有美洲水貂（*Mustela uison*）和欧洲水貂（*Mustela lutreola*）2 种。野生水貂毛色多呈浅褐色；家养水貂经过多个世代的选择，毛色加深，多为黑褐色，通称标准色水貂。已知标准水貂的毛色基因有 21 对（包括 PP、IpIp、GG、AlAl、BB、BgBg、BiBi、BsBs、Baba、BmBm、BpBp、CC、HH、OO、ff、ss、cmcm、ebeb、fifi、jj、CsCs）。其他被毛着色有别于标准色水貂，统称为彩色水貂。彩貂是暗褐色貂的突变基因型，其毛色来自近 30 个突变基因，以及这些突变基因的不同组合。

一、标准色水貂品种

1. 美国本黑标准貂　也称为美国短毛黑水貂，是美国大湖水貂饲养者经过多年选育而成的水貂超级黑色品系，其商品名为黑格来玛（Blackglama）。美国本黑水貂头型轮廓明显，面部粗短，眼大有神，公貂显得雄健，母貂纤秀；颈短而圆，胸部略宽，背腰粗长，后躯较丰满，腹部较紧凑；前肢短小、后肢粗壮、爪尖利、无伸缩性。毛被具有短、平、齐、亮、黑、细特点。毛被颜色漆黑，背腹毛毛色一致，底绒灰黑，全身无杂色毛，下颌白斑较少或不显；针毛较短，高度平齐，光亮灵活，有丝绸感；绒毛致密。美国本黑标准貂是中国较早引进的水貂新品种，也是我国现在饲养最多的水貂品种，在各地的饲养繁育下逐渐形成了可以适应我国不同地方、不同气候的水貂品种。

2. 丹麦黑色标准水貂　是目前丹麦内饲养的主要类型的水貂，其体型较大、发育较好、毛绒品质上乘。我国在20世纪80年代引入该品种并进行了大规模的培育，利用其作为母本培育成了我国第一个水貂新品种"金州黑色标准水貂"。

3. 金州黑色标准水貂　于1999年通过农业部品种审定，确定为水貂新品种。本品种是大连名威貂业有限公司历时11年育种工作，以美国短毛黑水貂为父本、丹麦黑色标准水貂为母本，成功培育成的适合北纬35°以北广大地区饲养的优秀水貂新品种。金州黑色标准水貂具有体型大、毛色深黑、腹毛色一致、下颌无白斑、全身无杂毛、毛绒品质好、生长发育快、繁殖力高、适应性强、遗传性能稳定、种群数量大等特征。皮张尺码大，毛色深黑，针绒毛比例适度、浓密。

4. 明华黑色水貂 于2014年正式通过国家畜禽遗传资源委员会品种审定。明华黑色水貂是由大连名威貂业有限公司牵头在中国农业科学院特产研究所、大连市农业委员会等部门的支持下培育而成的水貂优良新品种。明华黑色水貂是以美国短毛黑水貂为育种素材，通过选种选育培育而成。明华黑色水貂继承了其育种素材针毛平齐、光亮、灵活，绒毛丰厚、柔软、致密的优点，其下颌白斑和腹部白档个体比例明显低于育种素材，分别由37.97%降至4.20%及25.98%降至无白档。明华黑色水貂的适应性、耐粗饲性、繁殖成活率及抗病力显著高于其育种素材。

二、人工培育的水貂品种

现在世界各国人工饲养的水貂均为美洲水貂的后裔，共有11个亚种。目前已出现30多个毛色突变种，并已通过各种组合使毛色组合型增加到了100余种。根据色型，分为灰蓝色系、浅褐色系、白色系、黑色系和组合色型五大类。组合色型包括蓝宝石貂、银蓝亚麻色貂、红眼白貂、珍珠色貂、芬兰黄玉色貂、冬蓝色貂、紫罗兰色貂、粉红色貂和玫瑰色貂。每一种色型都是由1～4对基因组成的。根据基因的显、隐性可分为隐性突变型、显性突变型和组合型等。彩色水貂皮多数色泽鲜艳，有较高的经济价值，各国均在大力繁殖和发展彩色水貂。美国彩色水貂约占总貂群的65%，日本高达87%以上。彩色水貂的中文名、英文名和基因符号见表2-1。

表 2 - 1　常见彩色水貂名称及基因符号

中文名	英文名	基因符号	
		美国系统	斯堪的纳维亚系统
银蓝色（白金色）貂	Platinum（Silverblu）	pp	pp
阿留申（枪钢色）貂	Aleutian（Gunmetal）	alal	aa
拟银蓝色（拟白金色）貂	Imperial Platinum	ipip	ii
钴色貂	Cobalt	gg	—
钢蓝色貂	Steelblu	$p^s p$（$p^s p^s$）	$p^s p^s$（$p^s p$）
咖啡色貂	Pastel	bb	bb
绿眼咖啡色貂	Greed - Eyed Pastel	bgbg	gg
拟咖啡色貂	Imperial Pastel	bibi	jj
索克洛特咖啡色貂	Socklot Pastel	bsbs	$t^s t^s$
琥珀金咖啡色貂	Ambergold Pastel	baba	rr
美国米黄色貂	Palomino	bpbp	kk
瑞典米黄色貂	Swedish Palomino	$bs^s bs^s$	$t^p t^p$
莫依尔浅黄色貂	Moyle Buff	bmbm	mm
潘林浅黄色貂	Perrin Buff	$bp^p bp^p$	—
芬兰白色（金土米黄色）貂	Jenz Palomino	$bs^m bs^m$	$t^w t^w$
黑眼白色貂	Hedlund White	hh	hh
白化貂	Albino	cc	$c^h c^h$

中文名	英文名	基因符号	
		美国系统	斯堪的纳维亚系统
北欧浅黄色（北欧白）貂	Nordic Albina	bsbs	$t^n t^n$
火绒草色（歌夫斯）貂	Goofus	oo	oo
煤黑色貂	Jet Black	JJ（Jj）	NN（Nn）
银紫貂色（蓝霜色）貂	Silver Sable	Ff	Ff
黑十字色貂	Black Cross	Ss	Ss
黑蓝色貂	Ebony	Ebeb	Ee
科米拉貂	Colmira	Cmcm	—
显性白貂	Dominant White	Ff Ss（SS）	Ff Ss（SS）
王冠貂貂	Crown Sable	CS cs	—
蓝宝石色貂	Sapphire	pp alal	pp aa
银蓝亚麻色貂	Platinum Blonde	Pp bb	pp bb
衣立克貂	Eric	alal bb	aa bb
芬兰黄玉石色貂	Finnish Topaze	bb bpbp	bb $t^s t^s$
珍珠色貂	Pearl	pp bpbp	pp kk
淡紫色貂	Lavender	alal bmbm	aa mm
红眼白貂	Regal White	bb cc	bb $c^h c^h$
米黄色十字貂	Palomino Cross	bpbp Ss	—
银蓝色十字貂	Blucross	pp Ss	pp Ss
青铜色十字貂	Aleutian Cross	alal Ss	aa Ss
白化十字貂	Cross White	cc Ss	$c^h c^h$ Ss
咖啡色十字貂	Pastel Cross	bb Ss	—

中文名	英文名	基因符号	
		美国系统	斯堪的纳维亚系统
浅黄褐色貂	Fawn	bb bmbm	bb mm
春意咖啡色貂	BOS. Pastel	bb Ff	bb Ff
春意银蓝色貂	BOS. Platinum	pp Ff	pp Ff
春意枪钢色貂	BOS. Gunmetal	alal Ff	aa Ff
蓝鸢尾草色貂	Blue Iris	$p^s p^s$ alal	$p^s p^s$ aa
芬兰珍珠色貂	Blue Beige	pp $bs^m bs^m$	pp $t^w t^w$
瑞典珍珠色貂	Swedish Pearl	pp $bs^p bs^p$	pp $t^p t^p$
瑞典白色貂	Swedish White	$bs^m bs^m$ cc	$t^w t^w$ $c^h c^h$
索克洛特咖啡色貂	Socklot Pastal	pp bb bsbs	pp bb $t^s t^s$
"希望"貂	Hope	pp alal baba	pp aa rr
冬蓝色貂	Winterblu	pp alal bb	pp aa bb
紫罗兰色貂	Violet	pp alal bmbm	pp aa mm
乳白色貂	Opalene	pp bb bmbm	pp bb mm
粉红色貂	Pink	pp alal baba bmbm	pp aa rr mm
玫瑰色貂	Rose	bb bsbs bpbp Ff	bb $t^s t^s$ kk Ff

（一）黑色系

黑色系水貂是显性突变型，包括漆黑色貂、银紫色貂和黑十字貂。

1. 漆黑色貂 又称煤黑色貂、漆炭色貂，呈深黑色，光泽度好，由于真皮层内有大量黑色素聚集，故仔貂出生时皮肤即明显黑于普通标准水貂。我国已大量引进这种色型并普遍饲养。它的特点是全身纯黑（墨炭黑）、针、绒毛平齐、光亮，长度接近一致，其毛皮很像獭兔皮，背腹毛颜色、质量基本一致，肉眼很难区分，是理想的优良品种。

2. 银紫色貂 又称蓝霜貂，呈灰色和蓝色。腹部有大白斑，四肢和尾尖白色。由于白针散布全身，绒毛由灰至白，所以全身毛被呈灰色或蓝色。组合（FF）时产生少量的半致死和公貂不育（homo）基因。目前，这种貂皮售价很低，生产上饲养价值较低，但培育春意（BOS）系时采用此貂。

3. 黑十字貂 有 2 种基因型和表现型。纯合型（SS）个体能够正常成活，身躯被毛呈白色，在头、颈和尾根有黑色毛斑，肩、背和体侧有散在黑色针毛，因而具有"95％显性白"之称。杂交育种中，纯合型黑十字貂是很好的育种材料，它分别与标准貂、咖啡色、银蓝色、蓝宝石色、米黄色等彩貂杂交培育出彩色十字貂。杂合型黑十字貂（Ss）的水貂肩、背部有明显的黑十字图形，其余部位毛色灰白，少有黑针。

（二）灰蓝色系

灰蓝色系水貂是隐性突变型，包括银蓝色貂、钢蓝色貂和阿留申貂。

1. 银蓝色貂 是最早（1930 年）发现的突变种，呈金属灰色，深浅变化较大，两肋常带霜状的灰鼠皮色而影响其品质。这种色型的貂体型大，繁殖力高，适应性强，是国内普遍饲养的常见色型。

2. 钢蓝色貂 也称铁灰貂，其基因型由银蓝色复等位基因组成，比银蓝色深，近于深灰，色调不匀，被毛粗糙，品质不佳。

3. 阿留申貂 又称青铜色、青蓝色、枪钢色貂，呈青灰色，针毛近于青黑色，绒毛青蓝色，毛绒短平美观。这种貂的缺点是体质较弱，抗病力差，但其隐性突变的基因在育种上有很重要的价值。

（三）浅褐色系

浅褐色系水貂是隐性突变型，包括褐咖啡色貂、米黄色貂、索克洛特咖啡色貂、浅黄色貂。

1. 褐咖啡色貂 又称烟色貂，呈浅褐色，体型较大，体质较强，繁殖力高，但部分貂出现歪颈现象。

2. 米黄色貂 毛色由浅棕色至浅米色，眼粉红色，体型较大，美观艳丽，繁殖力强，为我国饲养较多的色型。

3. 索克洛特咖啡色貂 毛色与褐咖啡色相近，体型较大，繁殖力强，但被毛粗糙。

4. 浅黄色貂 毛被色泽由极浅的黄褐色至接近咖啡色，色泽艳丽，繁殖力和抗病力均较差。

（四）白色系

白色系水貂是隐性突变型，包括黑眼白貂和白化貂。

1. 黑眼白貂 又称海特龙貂，毛色纯白，眼黑色，被毛短齐，但母貂耳聋，不善于护理仔貂，公貂配种能力较低，母貂繁殖性能差。

2. 白化貂 被毛呈白色，眼粉红色，鼻、尾、四肢部位色素集中、呈锈黄色，眼畏光。被毛的纯白程度不如黑眼白貂。

（五）组合色型

组合色型是指 2、3、4 对突变基因同时控制某个个体的毛色性状，常见的有如下几种。

1. 蓝宝石色貂　又称青玉色貂，由银蓝和阿留申两对纯合隐性基因组成。毛被呈金属灰色，接近于天蓝色。钢蓝青玉色貂的毛色较深，近于灰褐色。据报道，日本近年来培育出一种毛色极浅的纯合蓝宝石色貂（pp alal FF），这种貂虽然无生育力，但因色型美观而获得很高的评价。

2. 银蓝亚麻色貂　由银蓝和咖啡色两对纯合隐性基因组合而成。毛被呈灰色，眼深褐色。

3. 珍珠色貂　由银蓝和米黄色两对纯合隐性基因组合而成。毛色为特别浅的棕色或棕灰色，眼呈粉红色。钢蓝珍珠色貂毛色基本上与珍珠色貂相似，但有些个体褐色被毛较多，因而常易同浅褐或浅棕色混淆。

4. 红眼白貂　又称帝王白、吉林白貂。由咖啡色和白化 2 对隐性基因组合而成。毛呈白色，眼呈粉红色，体型大而粗，繁殖性能优于黑眼白貂。我国于 20 世纪 60 年代初曾少量引入，经中国农业大学特产研究所培育成适应中国饲养条件的彩貂良种，1982 年被鉴定和命名为"吉林白水貂"。

5. 冬蓝色貂　由银蓝、青蓝和咖啡色 3 对隐性基因组合而成。毛被呈浅棕灰色，眼粉红色，容易与衣立克貂混淆。

6. 紫罗兰色貂　由白金、青蓝和莫伊尔浅黄色 3 对隐性基因组合而成。毛被的色泽与冬蓝色貂相似，但有的略浅或略蓝。

7. 粉红色貂　是 4 对纯合隐性突变基因的组合色型。毛色接近于很浅的隐性珍珠色貂，并带有浅粉红色色调，眼呈红色。其毛皮在裘皮市场上颇受欢迎。

8. 芬兰黄玉色貂　由褐眼咖啡和索克洛特咖啡 2 对纯合隐性基因组成。毛浅褐色，眼深褐色。

9. 玫瑰色貂　由咖啡色、索克洛特、米黄色 3 对纯合隐性基因再加 1 对银紫貂色杂合基因组合而成。毛色呈浅玫瑰色，其毛皮单价高于标准貂，是近年来水貂育种的新成果。

第三章
貂场的建场和环境控制关键技术

第一节　水貂场的选址

　　水貂场的选址直接关系到投产后养殖场的生产、经营管理、场区小气候状况及环境保护状况。场址选择不当，可导致整个养殖场在运营与经济效益上受损，造成周边环境污染。因此在建水貂场之前，必须对生产规模、将来种群发展情况作全面规划，再根据水貂养殖场建设要求综合考虑自然环境、社会经济状况、畜群的生理和行为需求、卫生防疫条件、生产流通及组织管理、环境保护等各种因素。还要充分了解国家畜牧生产区域布局和相关政策、地方生产发展和资源合理利用等，选择场址应符合本地区农牧业生产发展总体规划、土地利用发展规划、城乡建设发展规划和环境保护规划的要求。

　　理想的水貂养殖场场址，应该有良好的自然环境和社会环境。在饲料、水、电、供热燃料和交通等方面可满足基本的生产需要；有充足的土地面积用于建设貂舍，贮存饲料、堆放垫草及粪便，有能消纳和利用粪便的土地，分期建设时要预留远期工程建设用地；有适合养殖的周边环境，与居民区和污染源保持足够的距离和适宜朝向，符合当地的区划和环境距离要求（图 3-1）。

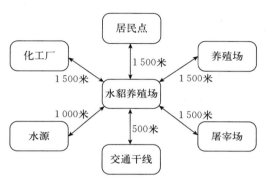

图 3-1　水貂养殖场选址示意

养殖场址选择考虑的自然条件包括地形地势、水源水质、土壤和气候因素。国家规定的自然保护区、水源保护区、风景旅游区不可以建场。受洪水或山洪威胁及泥石流、滑坡等自然灾害多发地带，自然环境污染严重的地区也不适合建场。

一、地理位置

水貂的繁殖和换毛呈现明显的季节性。影响水貂繁殖和换毛的主要因素是光照条件，四季分明的光周期变化规律有利于水貂的繁殖和换毛。日照周期变化幅度与地理纬度直接相关。水貂祖先生活在北纬 45°以上的地区，所以水貂比较适合在纬度较高、光照及温度季节性较为明显的地区饲养，这样其被毛质量比较理想。在我国的东北、华北、华中的长江以北地区（北纬 30°～50°）比较适宜水貂养殖；我国北纬 30°以南地区不适宜水貂养殖，在低纬度地区水貂繁殖机能受到抑制，生产性能和毛皮质量也会逐年下降。中、低海拔高度适宜水貂养殖。高海拔地区（3 000 米以上）因紫外线过强降低毛皮品质，不适合建场。

二、地势地形

地势是指场地的高低起伏状况，地形是指场地的形状、范围及地物（山岭、河流、道路、草地、树林、居民点）的相对平面位置状况。畜牧场的场地应选在地势较高、干燥平坦、排水良好和向阳背风的地方。

平原地区一般场地比较平坦、开阔，场址应注意选择在比周围地段稍高的地方，以利排水。地下水位要低，以低于建筑物地基深度 0.5 米以下为宜。山区建场应选在稍平缓坡上，坡面向阳，总坡度不超过 25％，建筑区坡度应在 2.5％以内。坡度过大，不但在施工中需要大量填挖土方，增加工程投资，而且在建成投产后也会给场内运输和管理工作造成不便。山区建场还要注意地质构造情况，避开断层、滑坡、塌方的地段，以及坡底、谷地和风口。

三、水源

在水貂的生产过程中，水貂的饮用、饲料清洗与调制、饲料间和用具的洗涤、夏季的降温等都需使用大量的水。所以，建设水貂养殖场必须具有可靠的水源。

首先，水源应保证水量充足，能满足养殖场内人生活用水和生产用水等。养殖场的用水量并非是均衡的，在每个季度、每天的各个时间内都有变化。夏季用水量远比冬季多；

上班后的生产管理使用水量骤增，夜间用水量相对要少。因此在计算水貂养殖场用水量及设计给水设施时，必须按单位时间内最大耗水量计算。

其次，应保证取用方便，设备投资少，处理技术简便易行。便于防护，以保证水源水质经常处于良好状态，不受周围条件的污染。

水源包括地面水、地下水和降水。

地面水：包括江、河、湖、塘及水库等，主要由降水或地下泉水汇集而成，其水质及水量受自然条件的影响机会较多，易受污染，特别是容易受到生活污水及工业废水的污染，常常因此而引起疾病流行或慢性中毒。供饮用的地面水一般应经过人工净化和消毒处理之后方可饮用。

地下水：是降水和地面水经过地层的渗滤贮积而成，属于封闭性水源，受污染机会较少，所以较洁净。但是地下水往往受地质化学成分的影响而含有某些矿物性成分，硬度一般较地面水大，有时也会含有某些矿物性毒物，引起地方性疾病。

降水：是天然的蒸馏水，以雨、雪等形式降落在地面而成。当其在大气中凝集和降落时，会因吸收空气中的杂质和可溶性气体而受到污染。降水收集不易、贮存困难、水量难以保证，所以除干旱区外，一般不宜作为动物饲养场的水源。

四、土壤

养殖场场地的土壤情况对动物养殖有一定影响。土壤的透气透水性、吸湿性、毛细管特性、抗压性，以及土壤中的化学成分等，不仅直接或间接影响场区的空气、水质和植被的化学成分及生长状态，还可影响土壤的净化作用。

透气透水性不良、吸湿性大的土壤，当受粪尿等有机物污染以后，往往在厌氧条件下进行分解，产生氨、硫化氢等有害气体，使场区空气受到污染。这些污染物及其厌氧分解的产物，还易于通过土壤孔隙或毛细管而被带到地下水中，或被降雨冲集到地面水源中，从而污染水源。

适合建立养殖场的土壤，应该是透气透水性强、毛细管作用弱、吸湿性和导热性小、质地均匀、抗压性强的土壤。沙壤土既有一定数量的大孔隙，又有多量的毛细管孔隙，所以透气透水性良好、持水性小，因而雨后也不会泥泞，易于保持适当的干燥，可防止病原微生物、寄生虫卵、蚊蝇等生存和繁殖。同时，沙壤土的透气性好，有利于土壤本身的自净。这种土壤的导热性小、热容量较大，土温比较稳定，所以对动物的健康、卫生防疫、绿化种植等都比较适宜。又由于其抗压性较好，膨胀性小，也适于作建筑物土基。

从家畜环境卫生学观点来看，养殖场的场地以选择在沙壤土类地区为宜。但在一定地区内，由于客观条件的限制，选择到最理想的土壤不容易。这就需要在养殖场的设计、施工、使用和其他日常管理上，设法弥补当地土壤的缺陷。

五、饲料条件

饲料，尤其是动物性饲料，是水貂养殖场重要的物质基础。在选择场址时，须考虑饲料的来源，其中主要是动物性饲料的来源。例如，每饲养 100 只种貂，1 年需要

22～25吨动物性饲料和足够的谷物饲料、蔬菜等。水貂养殖场应修建在饲料来源广且易于获得的地方，如禽、畜屠宰加工厂、冷冻厂、肉类联合加工厂、渔业队或畜牧业发达的地方。

六、社会联系

社会联系是指养殖场与周围社会的关系，如与居民区的关系、交通运输和电力供应等。水貂养殖场场址选择必须遵循社会公共卫生准则，使养殖场不致成为周围社会的污染源，同时也要注意不受周围环境所污染。因此，水貂养殖场应建于居民区及公共建筑群的下风处，但要离开居民点污水排出口，不应选在化工厂、屠宰场、皮革厂等容易造成环境污染企业的下风处或附近。养殖场与居民点的间距，一般与小场距离200米以上，与大型场距离1 500米以上。与其他畜牧场、兽医机构、畜禽屠宰厂等间距应不小于1 500米。

水貂养殖场应建在交通运输条件比较方便的地方，保证饲料及其他物质的及时运输。但为了防疫卫生，养殖场应距国道、省际公路500米以上，距省道、区际公路300米以上，距一般道路100米（有墙时可缩小到50米）。养殖场要修建专用道路与公路相连。

选择场址时，还应重视供电条件，特别是集约化程度较高的大型水貂养殖场，必须具备可靠的电力供应。因此，为了保证生产的正常进行，减少供电投资，应靠近输电线路，并应有备用电源。

总之，合理而科学地选择场址，对组织高效、安全的生产具有重要意义。

第二节　水貂场规划和布局

一、场区规划

　　根据生产功能，养殖场可以分成若干个区，在所选定的场地上进行分区规划与确定各区建筑物的合理布局，是建立良好的养殖场环境和组织高效率生产的基础工作和可靠保证。

　　水貂养殖场通常分管理区、生产区、病畜管理区和粪污管理区。以建立最佳生产联系和卫生防疫条件来合理安排各区位置（图3-2）。养殖场的分区规划应遵循下列几个基本原则：

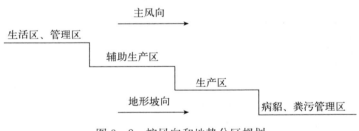

图3-2　按风向和地势分区规划

　　① 应体现建场方针、任务，在满足生产要求的前提下，做到节约用地。

　　② 在发展大型集约化水貂养殖时，应当全面考虑貂粪、貂尿和污水的处理和利用。

　　③ 因地制宜，合理利用地形地物。如利用地形地势解

决防寒、通风、采光，有效地利用原有道路、供水、供电线路及原有建筑物等，以创造最有利的环境、卫生防疫条件和生产联系，并为实现生产过程机械化、提高劳动生产率、减少投资、降低成本创造条件。

④ 应充分考虑今后的发展，在规划时应留有余地，对生产区的规划更应注意。

1. 生活区、管理区 包括各种办公室、宿舍、料库、车库、消毒间、配电室、水塔等。处于场内最高地势、上风向，在紧邻场区大门内侧集中布置，与生产区间隔 200～300 米。

2. 生产区 是水貂场的生产核心，主要包括各种貂舍和饲料加工、贮存间。应根据不同用途、类型、不同发育阶段来确定不同类型貂舍的位置。种貂和幼貂应放在防疫比较安全的地方，一般要求在上风向处。

3. 病貂管理区 主要包括兽医室、隔离舍等，是病貂、污物集中之地，也是卫生防疫和环境保护工作的重点。应设在生产区的下风处和地势最低处，与其他舍保持 300 米的卫生间距。为运输隔离区的粪尿污物出场，宜单设道路通往隔离区。

4. 粪污管理区 是水貂粪尿及其他废弃物堆放、处理和利用的场地，具有极其重要的公共卫生学意义。贮粪设施和污水贮存设施应在下风处，距貂舍 300～500 米。

二、场内布局

为了更好地解决养殖场及其周边环境日益突出问题，防止环境污染，保障人貂健康，促进畜牧业的可持续发展，养殖场的布局必须依照国家法规，考虑当地条件，采用科学的饲养管理工艺，经济上合理，技术上可行，为水貂和管理人员创造良好的环境。

建筑物的排列一般要求横向成行，纵向成列；尽量将建筑物排成方形，建筑物长度一般不能超过 50 米，避免排成狭长而造成饲料、粪污运输距离加大，管理和工作不便。4 栋以内，单行排列；超过 4 栋，则可双行或多行排列。

建筑物的位置，应考虑功能关系，即貂舍建筑物在生产中的相互关系。防疫要求，主要考虑场地地势和主风向；建筑物的朝向，主要考虑防寒、防暑，貂舍朝向以南向或南偏东、偏西 45°以内为宜；建筑物的间距指相邻建筑物纵墙之间的距离，主要考虑貂舍的采光、通风、防疫、防火和占地面积。舍间距应为 2～3 倍貂舍檐高，可满足各种要求。

第三节　貂舍的建筑与设备

一、貂棚

水貂养殖可以采用半开放式舍或密闭舍，但生产中多以双坡式棚舍为主。棚舍结构简单，只需要棚柱、棚梁和棚顶，不需要四壁，用材少，易施工，造价低。要求夏季能遮挡直射光，通风良好。根据当地情况，可采用砖木结构或草木结构。盛产石头的地方，可用石块垒砌柱梁。棚顶可用石棉瓦、油毡纸、稻草等覆盖，内层加一层保温板，以加强棚顶的保温隔热，有利于防太阳辐射。可根据当地的地形地势及所处的地理位置综合考虑通风和采光确定棚舍的朝向，通常为东西走向。根据舍内笼具的排列方式，可分为双列舍

（图 3-3）和多列舍（图 3-4）；根据屋顶的不同，可分为双坡式屋顶和单坡式屋顶。

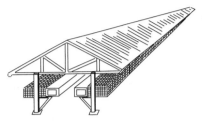

图 3-3　双列貂舍　　　　　图 3-4　多列貂舍

棚的顶高要根据当地气候特点来确定，寒冷地区宜采用矮棚，炎热地区棚舍宜稍高，有利于通风。棚舍通常为长25～50米，可根据地块的大小决定貂棚的长度。对于双列舍，笼具在两侧，中间设1.2米宽（可通过饲料车）的作业通道，通常貂舍宽3.5～4米，檐高1.2～1.6米，脊高在2～2.8米。国外也有大跨度的多列貂舍（图 3-4），但国内水貂生产中以双列舍为主。棚内地面平坦不滑，标高高出棚外地面20～30厘米，笼下或笼后设粪尿沟（图 3-5）。

a　　　　　　　　　　　　b

图 3-5　粪尿沟

a. 粪尿分离的粪尿沟　　b. 粪尿不分离的粪尿沟

棚舍可起到遮阳、防降水及部分挡风作用（图 3 - 6）。但棚舍的保温能力很差，可以在貂舍前后加卷帘（图 3 - 7）。卷帘在冬季可以挡风，从而改善舍内小气候，增加水貂的抗寒能力。卷帘在秋季时可以用于遮光，促进毛皮成熟，也方便配种后对水貂进行分批控光。卷帘分为手动和电动两种类型。

图 3 - 6　可遮光和挡风的貂棚　　　图 3 - 7　安装卷帘的貂棚

二、笼具

貂笼是水貂活动的场所，设计笼舍的规格及样式均应以不影响水貂的正常活动、生长发育、繁殖与换毛等生理过程为前提，符合卫生要求，且饲养管理操作比较方便。

在北欧，标准貂笼的尺寸是 45 厘米（高）×30 厘米（宽）×90 厘米（深）。在芬兰有些貂笼为 38 厘米×30 厘米×71 厘米。也有些笼子的宽只有 20 厘米，用于饲养 1 只母貂，丹麦从 2010 年、挪威从 2005 年开始禁止使用这种貂笼。在荷兰，推荐貂笼的尺寸为 45 厘米×30 厘米×85 厘米。意大利从 2008 年起，要求水貂必须饲养在环境富集的笼中（图 3 - 8），笼中要有水。国内种貂笼 60 厘米×45 厘

图 3-8　环境富集貂笼

米×35 厘米，皮貂笼 50 厘米×38 厘米×25 厘米。笼子太小，水貂缺少运动，既对健康不利也严重影响其生长发育和毛皮品质。貂笼用铁丝编制（或用电焊网），其网眼为3.5～4 厘米^2，笼底用 10～12 号铁丝，其余各面用 14～16 号铁丝或用带孔铁皮代替。貂笼距地面 45 厘米以上，以免潮湿。

三、产仔箱

　　貂笼都会配产仔箱，也叫窝箱，生产季节用于生产和养育幼崽，在非生产季节则是睡觉和庇护之所。产仔箱用1.5～2 厘米厚的木板制成，长×宽×高为 30 厘米×30 厘米×30 厘米。其出入口与貂笼的开口处相接，出入孔直径为 10 厘米（图 3-9）。有人认为种貂产仔需要产仔箱，皮貂没必要设

图 3-9　有产仔箱的种貂笼

产仔箱。这种想法是错误的，皮貂无产仔箱饲养，会使秋季换毛推迟，毛皮产品质量降低，并增加采食量，提高饲养成

本。图 3 - 10 为皮用貂的复式貂笼，窝箱在貂笼上层。目前，木质产仔箱使用数量在逐渐减少，复合板材质的产仔箱越来越多，虽然这种复合板的产仔箱有价格上的优势，但透气性不如木质材料，产仔箱内的湿度较大，幼貂容易发生皮肤病。

图 3 - 10　窝箱在上方的皮貂复式貂笼

四、饲喂设备

可以不特别为水貂准备食盆，将鲜饲料调制得黏稠一些，可直接放在貂笼上供水貂自由采食（图 3 -11）。如果需要为水貂准备食盆，则大小要适中，以能装 250～500 克的搪瓷浅盆为好。如果饲料喂颗粒饲料，需要有专门饲喂的食盒。

图 3 - 11　将鲜饲料投喂在笼上

五、饮水设备

可用水貂专用自动饮水设备（图 3 - 12）。水貂生产中虽然给水貂配备自动饮水器，但仍然每只貂笼中配有一只水盒（图 3 - 13）。水盒是笼养水貂用来供水貂饮水和嬉水的地方，尤其是夏天有利于防暑降温。国内大多采用水管，下接水槽，定期放水。水槽孔开在左侧下角距离网底高 20 厘米的地方（图 3 - 14）。

图 3 - 12　水貂自动饮水设备　　图 3 - 13　貂笼设置水盒

图 3 - 14　水貂饮水设备

六、饲料加工设备

市场上有专门针对水貂各生理阶段的饲料，所以水貂养殖场可以不配备饲料加工设备。如果养殖场选择自配料，需要根据饲养数量确定饲料加工室和饲料贮藏室的规模及配备相应的饲料加工设备。饲料加工室内地面及四周墙壁水泥压光或贴瓷砖，设下水道，以便于刷洗、清扫和排除污水。饲料加工设备包括洗涤、加工、熟制等必需设备，主要有谷物饲料膨化机、粉碎机、绞肉机、搅拌机（图3-15）、饲料分装设备（图3-16）、高压气罐或简易蒸锅等。

图3-15　鲜饲料搅拌机　　图3-16　鲜饲料分装和饲喂车

七、饲料贮藏设备

水貂饲料包括干饲料和鲜饲料，干饲料和鲜饲所需贮藏条件不同。干饲料要求阴凉、干燥、通风、无鼠虫危害，根据饲养殖规模确定饲料贮藏室的规模。鲜饲料需要贮藏于冷库或冰柜中，根据饲养数量确定库藏量的规模，如30吨、50吨、100吨。如果饲养数量少，可安装冷藏柜。

八、毛皮加工设备

根据饲养量和生产要求设置毛皮加工室，主要包括取皮间、刮油间、洗皮间、上楦整理间、干燥间、检验间和暂储间等。毛皮初加工必需的设施及设备主要有屠宰和毛皮烘干设备，以及致死、剥皮、刮油、洗皮、干燥、加温和通风等设备。现已有从貂体屠宰到洗皮的一整套生产线。

九、消毒和防疫设备

为做好畜牧场的卫生防疫工作，保证动物健康，养殖场必须有完善的清洗消毒设施。这些设施包括人员、车辆的清洗消毒和舍内环境的清洗消毒设施。养殖场均备有兽医室，兽医室应具备较完善的设施设备，主要有灭菌器、消毒喷雾器及常规手术医疗器具等。

十、其他设备

其他设备包括捕捉逃跑貂的工具（图 3-17 和 3-18）、清扫工具、维修用具、焚尸炉等无害化处理设施及设备等。

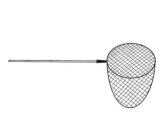

图 3-17　捕貂网

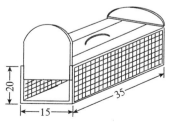

图 3-18　水貂串笼（单位：厘米）

第四节 水貂场基础设施工程规划

一、防护设施

水貂场的防护设施包括场界、区界和消毒设施。在国内，不提倡用刺网隔离，建议采用密封墙并没有的防疫沟，以防止场外人员及其他动物进入场区。但在国外，常用绿化带隔离。

在场内各区域间，也可设较小的防疫沟、围墙，或结合绿化培植隔离林带。不同年龄的貂群，最好不集中在一个区域内，并应使它们之间留有足够的卫生防疫距离。

在水貂养殖场大门及各区域入口处，应设相应的消毒设施，如车辆消毒池、人的脚踏消毒槽或喷雾消毒室、更衣换鞋间等。装设紫外线杀菌灯，应强调安全时间（3～5分钟），通过式（不停留）的紫外线杀菌灯照射达不到安全目的，因此，应安装有定时通过指示器（定时铃声）的设备。

对养殖场的一切卫生防护设施，必须建立严格的检查制度予以保证，否则会流于形式。

二、道路工程

养殖场道路包括与外部交通道路联系的场外主干道和场区内道路。场外主干道担负着全场的货物、产品和人员的运输任务，其路面最小宽度应能保证两辆中型运输车辆的顺利错车，为 6.0～7.0 米。场内道路的功能不仅是运输，同时也具有卫生防疫作用，因此道路规划设计要满足分流与分工、联系简洁、路面质量、路面宽度、绿化防疫等要求。

1. 道路分类 按功能分为人员出入、运输饲料用的清洁道（净道）和运输粪污、病死家畜的污物道（污道），有些场还设供家畜转群和装车外运的专用通道。按道路担负的作用，分为主要道路、次要道路。

2. 道路设计标准 净道一般是场区的主干道，路面最小宽度要保证饲料运输车辆的通行，宽度 3.5～6.0 米；宜用水泥混凝土路面，也可选用整齐石块或条石路面；路面横坡 1.0%～1.5%，纵坡 0.3%～8.0%。污道宽度 3.0～3.5 米，路面宜用水泥混凝土路面，也可用碎石、砾石、石灰渣土路面，但这类路面横坡为 2.0%～4.0%、纵坡 0.3%～8.0%。与貂舍、饲料库、产品库、兽医建筑物、贮粪场等连接的次要干道，宽度一般为 2.0～3.5 米。

3. 道路规划设计要求 首先要求净污分开与分流明确，尽可能互不交叉，兽医建筑物必须有单独的道路。其次要求路线简洁，以保证养殖场各生产环节联系方便。路面质量好，要求坚实、排水良好，以沙石路面和混凝土路面为佳，保证晴雨通车和防尘；道路的设置应不妨碍场内排水，路两侧也有排水沟，并应植树。道路一般与建筑物长轴平行或垂直布置，在无出入口时，道路与建筑物外墙应保持 1.5 米的最小距离；有出入口时，则为 3.0 米。

三、给水工程

1. 给水系统 由取水、净水、输配水三部分组成，包括水源、水处理设施与设备、输水管道、配水管道。大部分养殖场的建设位置均远离城镇，不能利用城镇给水系统，所以都需要有独立的水源，一般是自己打井和建设水泵房、水处理车间、水塔、输配水管道等。

2. 用水量估算 养殖场用水包括生活用水、生产用水及消防和灌溉等其他用水。

（1）生活用水 指平均每一职工每日所消耗的水，包括饮用、洗衣、洗澡及卫生用水，

其水质要求较高，要满足《生活饮用水卫生标准》（GB 5749—2006）各项标准。用水量因生活水平、卫生设备、季节与气候等而不同，一般可按每人每日 40～60 升计算。

（2）生产用水 包括水貂饮用、饲料调制、水貂降温、饲槽与用具刷洗、棚舍清洗等所消耗的水。每只水貂每日平均用水量，可按每 100 只 1 米^3 计算。采用水冲清粪系统时清粪耗水量大，一般按生产用水 120% 计算。新建场不提倡水冲清粪方式，而是采用干清粪法。

（3）其他用水 包括消防、灌溉、不可预见等用水。消防用水是一种突发用水，可利用场内外的江河湖塘等水面，也可停止其他用水保证消防。绿地灌溉用水可以利用经过处理后的污水，在管道计算时也可不考虑。不可预见用水包括给水系统损失、新建项目用水等，可按总用水量的 10%～15% 考虑。

（4）总水量估算 为上述用水量总和，但用水量并非是均衡的，在每个季度、每天的各个时间都有变化。夏季用水量远比冬季多，上班后清洁用水量骤增，夜间用水量很少。因此，为了充分地保证用水，在计算养殖场用水量及设计给水设施时，必须按单位时间内最大用水量来计算。

3. 水质标准 水质良好，应符合《畜禽水质检测标准》（NY 5027—2008）的要求。在选址时还要调查当地是否因

水质不良而出现过某些地方性疾病等。

4. 管网布置　因规模较小，养殖场管网布置可以采用树枝状管网。干管布置方向应与给水的主要方向一致，以最短距离向用水量最大的畜舍供水；管线长度尽量短，减少造价；管线布置时充分利用地形，利用重力自流；管网尽量沿道路布置。

四、排水工程

1. 排水系统组成　排水系统应由排水管网、污水处理站、出水口组成。水貂养殖场的粪污容易对周边环境造成污染，因此养殖场的粪污无害化处理与资源化利用是一项关系着全场经济、社会、生态效益的关键工程，粪污处理与利用见七、粪污处理工程部分，在此的排水工程仅指排水量的估算、排水方式选择与排水管网布置。

2. 排水分类　貂场的排水包括雨雪水、生活污水、生产污水（家畜粪污和清洗废水）。

3. 排水量估算　雨水量估算根据当地降水强度、江水面积、径流系数计算，具体参见城乡规划中的排水工程估算法。貂场的生活污水主要是来自职工的食堂和浴厕，其流量不大，一般不需计算，管道可采用最小管径 150～200 毫米。貂场最大的污水量是貂生产过程中的生产污水，生产污水量因饲养规模、饲养工艺与模式、生产管理水平、地区气候条件等的差异而不同；其估算方法是以在不同饲养工艺模式下，单位规模的水貂饲养量在一个生长生产周期内所产生的各种生产污水量为基础定额，乘以饲养规模和生产批数，再考虑地区气候因素加以调整。

4. 排水方式选择　排水方式分为分流与合流两种。为了实现养殖场废弃物无害化和资源化，养殖场从源头上减少污水产生量，应采用干清粪等工艺，而在排放过程中应采用分流排放方式，即雨水和生产、生活污水分别采用两个独立系统。生产与生活污水采用暗埋管渠，将污水集中排到场区的粪污处理站；专设雨水排水管渠，不要将雨水排入需要专门处理的粪污系统中。

5. 排水管渠布置　场内排水系统，多设置在各种道路的两旁及貂舍周边。采用斜坡式排水管沟，以尽量减少污物积存及被损坏。为了整个场区的环境卫生和防疫需要，生产污水一般应采用暗埋管沟排放。暗埋管沟排水系统如果超过 200 米，中间应增设沉淀井，以免污物淤塞，影响排水。沉淀井不应设在交通频繁的干道附近。沉淀井距供水水源应有 200 米以上的间距。暗埋管沟应埋在冻土层以下，以免因受冻而阻塞。雨水中也有些场地中的零星粪污，有条件的也宜采用暗埋管沟，如采用方形明沟，其最深处不应超过 30 厘米，沟底应有 1%～2% 的坡度，上口宽 30～60 厘米。

五、电力电讯工程

1. 基本要求　电力是经济、方便、清洁的能源，电力工程是养殖场不可缺少的基础设施；同时随着经济和技术的发展，信息在经济与社会各领域中的作用越来越重要，电讯工程也成为现代养殖场的必需设施，即根据生产与经营需要配置电话、电视和网络。电力与电讯工程规划就是需要经济、安全、稳定、可靠的供配电系统和快捷、顺畅的通讯系统，保证养貂场正常生产运营和与外界市场的紧密联系。

2. 供电系统　供电系统由电源、输电线路、配电线路、用电设备构成。规划主要内容包括用电负荷估算、电源与电压选择、变配电所的容量与设置、输配电线路布置。

3. 用电量估算　　水貂养殖场用电负荷包括办公、职工宿舍、食堂等辅助建筑和场区照明等的生活用电，貂舍、饲料贮存和加工、供排水等生产用电。照明用电量根据各类建筑照明用电定额和建筑面积计算，用电定额与普通民用建筑相同；生活电器用电根据电器设备额定容量之和，并考虑同时系数求得。生产用电根据生产中所使用电力设备的额定容量之和，并考虑同时系数、需用系数求得，在规划初期可以根据已建同类畜牧场的用电情况来类比估算。

4. 电源和电压选择及变配电所的设置　　养殖场应尽量利用周围已有的电源，若没有可利用的电源，则需要远距离引入或自建。如有条件，场内还可自备发电机，防止外界电源中断使养殖场遭受巨大损失。养殖场的使用电压一般为 220/380 伏，变电所或变压器的位置应尽量居于用电负荷中心，最大服务半径要小于 500 米。

六、绿化工程

搞好养殖场绿化，不仅可以减弱噪声，净化空气，还可以起到防疫和防火等作用。要求场区的绿化率不低于 30%。生活管理区，绿化应具有观赏和美化效果；场内卫生防疫隔离用地及粪便污水处理设施周围，应布置绿化隔离带；场区全年盛行风的上风向围墙一侧或两侧，应种植防风林带，围墙的其他部分种植绿化隔离带。树木与建筑物外墙、围墙、道路边缘及排水明沟边缘的距离不应小于 0.5 米。

1. 绿化带（防疫、隔离、景观） 在场界周边种植乔木和灌木混合林带，特别是场界的北、西侧，应加宽这种混合林带（宽度达 10 米以上，一般至少应种 5 行），以起到防风阻沙的作用。场区隔离林带主要用以分隔场内各区及防火，如在生产区、住宅及生产管理区的四周都应有这种隔离林带。在选择树木上，要注意选择无飞絮树木防护林。

2. 道路绿化 场区内外道路两旁，一般种 1～2 行，常用树冠整齐的乔木或亚乔木（如槐树、杏树、唐槭等）。可根据道路的宽窄选择树种的高矮。在靠近建筑物的采光地段，不应种植枝叶过密、过于高大的树种，以免影响采光。

3. 两貂棚间的绿化 在貂棚之间空地栽种草坪，可有效地吸附有害气体，而且不挡光；也可选枝叶开阔、生长势强、冬季落叶后枝条稀少的树种，如北京杨、法桐、白蜡及栾树等。

七、粪污处理工程

设计或运行一个水貂养殖场粪污处理系统，必须对粪便的性质，粪便的收集、转移、贮存及施肥等方面的问题加以全面的分析研究。规划时，应视不同地区的气象条件、土壤类型特点、管理水平等进行不同的设计，以便使粪污处理工程能发挥最佳的工作效果。

1. 粪污处理量的估算 粪污处理工程除了满足处理每日每只水貂粪便排泄量外，还须将全场的污水排放量一并加以考虑。按照目前城镇居民污水排放量一般与用水量一致的计算方法，水貂养殖场污水量估算也可按此法进行。

2. 粪污处理工程规划的内容 粪污处理工程设施是现

代集约化养殖场建设必不可少的项目，从建场开始就要统筹考虑。其规划设计依据是粪污处理与综合利用工艺设计，通常与养殖场的排水工程综合考虑。粪污处理工程设施因处理工艺、投资、环境要求的不同而差异较大，实际工作中应根据环境要求、投资额度、地理与气候条件等因素先进行工艺设计。一般其主要的规划内容应包括粪污收集（即清粪）、粪污运输（管道和车辆）、粪污处理场的选址及其占地规模的确定、处理场的平面布局、粪污处理设备选型与配套、粪污处理工程构筑物（池、坑、塘、井、泵站等）的形式与建设规模。规划原则首先考虑其作为农田肥料的原料；充分考虑劳动力资源丰富的国情，不要一味追求全部机械化；选址时避免对周围造成公害（包括气味、水面、地下水等）；充分考虑养殖场所处的地理与气候条件，严寒地区的堆粪时间长，场地要求较大，且收集设施与输送管道要防冻；还应考虑投资大小，进行经济分析。

第五节　水貂场废弃物处理

　　水貂生产过程中产成的粪尿、污水，可造成水、空气和土壤等的污染。对于水貂养殖废弃物的处理或利用，应按照资源化、减量化、无害化的原则进行。首先，要改进清粪工艺，减少作业用水，在源头上减少粪污产生量。水貂养殖废弃物应保证无害化处理后方可进行资源化利用。水貂粪用作肥料时，施肥量不能超过作物当年生长所需的养分量，而且应有1倍以上的土地用于轮作施肥，不得长期施肥于同一土地。

一、貂粪组成

每天水貂排粪量为 14～56 克，一只成年种母貂排出的粪约为 42 千克/年。貂粪的组成见表 3-1。

表 3-1　貂粪组成（干物质基础，%）

参　　数	Howell（1976 年）	Aulerich 等（1999 年）
粗蛋白质	31	22
非蛋白氮	—	5
粗脂肪	4.5	4.5
粗纤维	8	12
碳水化合物（无氮浸出物）	32	39
粗灰分	24	18
钙	7.6	4.0
磷	3.2	2.3

貂粪中的含水量为 60%～65%，粗灰分和粗纤维的含量在不同貂场间变化范围较大。貂粪中大约含有氮 5%、磷 2.5%、钾 0.5%。水貂摄入的氮 15%～20% 通过粪排出，7—10 月，育成期公貂通过粪排出的氮为 3.3～5.1 克/天，母貂为 2.4～4.1 克/天。日粮干物质中粗蛋白为 39% 时，生长期水貂氮的排出量为 3.9 克/天，每生产一张毛皮氮的排出量为 1.10 千克。

有的研究表明，水貂摄入的磷 90% 是通过粪排出的，也有的研究表明只有 65%～77% 的磷通过粪排出，不同的研究结果主要是由于不同的磷源吸收率不同所致。7—10 月，育成期公貂磷的排出量为 0.5 克/天，母貂的排出量为

0.4 克/天。其他畜禽日粮中添加植酸酶，可以减少粪中磷的排出，但在水貂日粮中添加植酸酶没有作用。日粮干物质中磷的含量为 1.2% 时，生长期水貂磷的排出量为 0.5 克/天，每生产一张毛皮磷的排出量为 0.15 千克。

丝兰属提取物有抑制尿素分解为氨的作用，在其他畜禽饲料中添加均有减少氨排放的作用。但在水貂日粮中添加丝兰属提取物并不会减少貂粪中氨的排放，添加水藓泥炭也无效。

二、貂尿组成

肾脏是机体排除代谢废物（尿素、肌酸酐、无机盐和有害物质）的重要器官。当日粮中粗蛋白的水平过高时，摄入的过量氨基酸被代谢为葡萄糖（生糖氨基酸）或乙酰乙酸（生酮氨基酸）和游离氨，游离氨在肝脏中转化为尿素。正常水貂尿呈弱酸性、透明、色浅黄，pH 6.9，密度 1.023。尿液某些成分与水貂营养代谢病有关，例如水貂尿结石的主要成分是六水磷酸镁铵，这种盐在微酸性环境下容易结晶，在 pH 低于 6.6 时溶解度增加。所以，要特别关注水貂尿液的 pH。

水貂尿液 pH 变化范围非常大，根据日粮不同，pH 一般为 6.0～7.8。有报道，水貂采食商品日粮（谷物 20%，牛肝 10%，鳕 30%，无骨马肉 40%），尿液平均 pH 为 6.1。当日粮中添加 2% 的磷酸二钙，尿液 pH 降至 6.0。当日粮添加 0.5% 或 1.5% 碳酸钙时，尿液 pH 分别为 6.9 和 7.8。

日粮营养水平的不同会影响尿液的组成（表 3-2）。造成尿液中磷、镁、钙排出量不同的主要原因是日粮不同。威斯康星大学的试验日粮中马肉含量较多（燕麦 10%、牛肝 10%、鳕 30%、马肉 50%），瓦尔帕莱索大学的试验日粮中含有较高的鸡肠和鸡头。威斯康星大学的研究报告表明，尿液中磷的排出量为 81 毫克/天；当日粮中添加 2%磷酸二钙时，通过尿液排出磷的量增加到 194 毫克/天；如果用未加工牛骨替代等量的磷，尿磷的排出量只增加至 122 毫克/天。水貂每天尿氮的排出量为 4 克/天。

表 3-2 水貂尿液中磷、镁和钙的排出量（占日粮的百分比，%）

矿物质	平均值		范围
	威斯康星大学	瓦尔帕莱索大学	
磷	23	35	30~46
镁	10	13	9~18
钙	0.9	1.6	1.0~2.4

三、粪尿贮存配套设施

山东省畜禽养殖粪污处理利用实施方案中提出全面推行粪污处理基础设施标准化改造，即"一控两分三防两配套一基本"建设。"一控"，即改进节水设备，控制用水量，减少污水产生量。"两分"，即改造建设雨污分流、暗沟布设的污水收集输送系统，实现雨污分离；改变水冲粪、水泡粪等湿法清粪工艺，推行干法清粪工艺，实现干湿分离；"三防"，即配套设施符合防渗、防雨、防溢流要求；"两配套"，即养殖场配套建设储粪场和污水储存池，"一基本"，即粪污基本实现无害化处理、资源化利用。

1. 贮粪存设施 贮粪池通常用于贮存粪尿分离的固体部分。贮粪设施有地下和地上两种形式。在地势不平坦的地方，建造地下贮粪池比较合适，不占地面，也不需要泵等输送设备，粪靠重力落入粪池，而且地下贮粪池不会对周围环境造成较大污染。在地势较为平坦的地方，建地上贮粪池也较为合适。对于粪便贮存时间，目前我国还没有相应标准，可按各地作物的生长特性和需肥季节等确定，贮粪池可按 6 个月的贮存量计。一般对于地下贮粪池来说，合理高度为1.8～3.6 米。地上的贮粪池要求建成水泥硬化地面。无论是地上还是地下贮粪池都要有棚（盖）。贮粪池的容积可按下式计算：

$$V=MW \cdot D$$

式中：V——贮存设施容积，单位为米^3；

MW——养殖场日产粪量，单位为千克/天；

D——贮存天数，单位为天。

2. 污水池 深度为 2～2.5 米，一般为上大下小的梯形，设有进污口和清污口，建成 3 个以上梯度单元，有水泥底（25 厘米左右），体积约为贮粪设施的 1/3。

粪、尿贮存设施均要有防止粪液渗漏的措施，以免污染地下水。要求池底和池壁有较高的抗腐蚀和防渗性能。

四、粪便的资源化利用

1. 用作肥料 毛皮动物的粪便因氮、磷含量比较高，比较适合用作肥料，可生产生物有机肥、厌氧堆肥、好氧堆肥等，也可进行干燥处理。生物有机肥是指以特定功能微生物与粪便为来源并经无害化处理、腐熟的有机物料复合而成的一类兼具微生物肥料和有机肥效应的肥料，主要适用于各类大型养殖场、养殖密集区和区域性有机肥生产中心对固体粪便进行处理。

堆肥是指在人工控制下，在一定的水分、碳氮比和通风条件下，利用微生物降解物料中有机物并产生高温，杀死畜禽粪便中的病原微生物、虫卵，将粪便中有机物由不稳定状态转变为稳定的腐殖质，而且无臭无毒。堆肥分为好氧堆肥和厌氧堆肥，好氧堆肥是在氧气充足的条件下，利用好氧微生物降解有机物；厌氧堆肥则是在氧气不足的条件下，利用厌氧微生物降解有机物的过程。堆肥主要适用于各类中小型养殖场和散养户。

貂粪的干燥法是以脱水干燥为主的处理方法，经干燥处理后的粪便营养价值高，富含粗蛋白，可生产有机复合肥。干燥法主要包括自然干燥法、高温干燥法及机械干燥法。干燥法是近年在鸡粪资源化利用中经常采用的一种方法。貂粪与鸡粪的肥效相似，含水量也接近，因此也可以采用该法进行处理。

2. 生物利用　生物利用主要指用于发酵产沼气，即在厌氧微生物作用下，将有机质分解代谢，最终产生沼气和污液的过程。沼气发酵包括湿发酵和干发酵，湿发酵指发酵料液的总固体（TS）含量为8%；干发酵指发酵料液的 TS 含量为20%。优点是沼气发酵时间短，最快15天左右即可消化，完成处理后的最终产物恶臭味减少，产生的 CH_4 可以作为能源利用，并且可以将粪尿一起发酵，不需要严格控制粪便的水分含量。毛皮动物粪便产沼气的缺点是处理池体积大、粪中因氮含量比较高而产生的沼气少、沼渣较多，而且发酵受环境温度影响较大。

3. 其他处理方法　貂粪可以用于养蛆、养蚯蚓。蚯蚓适合生活在 15～25 ℃、湿度 60%～70%、pH 6.5～7.5 的土壤中，蚯蚓数量可达 1 万条/米^2。蚯蚓体内蛋白质含量较高（鲜体含 40%以上，干体含 70%左右），且含有多种氨基酸，是鸡、鸭、水貂等动物极好的蛋白饲料，可代替鱼粉配入饲料中饲喂。另外，蚯蚓粪也是上好的有机肥料。通常一批次的养殖周期为 20 天左右，即 20 天左右收获一批蚯蚓。

在貂粪资源化利用模式中，就近肥料化利用的种养结合方式居首位。应"以地定养、以养肥地、种养对接"，通过种养结合，实现可持续发展。

第❹章
水貂繁育关键技术

一、引种时间

9月底至10月幼貂已长至成貂大小，也正值秋高气爽之时，是选购运输种貂的适宜季节。一般单位都只能出售当年的幼貂，选择时可参照引种标准。9—10月幼貂和老貂从形态上可以区别出来。老貂一般体质较瘦，针毛较粗，但光泽较好，牙齿和爪不尖锐。母貂的颈背部多数还有少量的白毛（是交配留下的痕迹）。当年幼貂一般较肥胖，针毛较细，欠光泽，绒毛较丰满，牙齿和爪很尖细，母貂颈背没有白色杂毛，引种时间最迟不应晚于元旦。

二、种貂场的选择

1. 注意区域性　应采取就近的原则进行引种。因为水貂的性成熟和母貂妊娠光照变化有关，不同纬度的日照时间和变化规律是不一样的，只有就近引种，引入的种貂才能适应当地的环境而正常繁殖。若是引种地的日照变化与原产地相差悬殊，容易发生公貂配种能力降低，母貂拒配、早产、空怀和产后缺乳等现象。此外，就近引种比较方便，省工省时，比较经济。

2. 注意经营资质　选择从有种貂经营许可证、种貂合格证的貂场引种，且种貂系谱清楚、饲养管理规范、卫生防疫条件好、场家信誉好。

3. 注意引种场的饲养管理和疾病情况　引种时应事先考察引种场家。正流行或刚流行疫病的场家，不能前去引种。购买种貂时，应该提前走访几个大型种貂公司，观察养殖情况、管理情况及种貂品质等，询问种貂从国外引入时间、繁殖情况、养殖技术及有无阿留申病等，经过观察、咨询和查看生产记录，决定自哪个种貂场引种。对引种场家情况不明时，应多考察一些场家，从优选择。

三、种貂的选择

引种前，提前划出隔离区供引入貂使用，做好消毒垫草工作，准备好捕貂网、串笼等工具，做好笼具、饲具和饮水设施的检修，安排好负责人。

种貂的挑选是引种最关键的问题，一定要按照各类型水貂引种要求严格进行。原则上引进当年幼貂，在不知情的情况下不要贸然引进老种貂。根据前期的调查选定引种场，询问技术员或者饲养员该种貂的配种高峰期和产仔高峰期，索取仔貂生产记录，并结合仔细观察挑选种貂。

1. 成年公貂　睾丸发育大小匀称，性欲高，配种能力强，精液品质好。所获后代数量多、生命力强。头大，两颊发达，两耳张开挺立，颈粗而长，肩和胸宽大，胸深，背长而宽，腹部紧凑，臀部宽大，身体自然弯曲灵活，尾粗长，四肢叉开强壮有力，姿态神气，整个体型匀称。标准貂的毛色要深，逐步向更黑一级发展，背腹毛色基本一致，油亮有光泽，毛峰平齐、无白斑或仅下唇少有、无杂毛，针毛稠密、分布均匀、长度在 25 毫米以下，绒毛厚密平齐、长度在 15 毫米以上。针毛、绒毛的长度比为 1∶0.65。

2. 成年母貂 外生殖器官发育良好，发情正常、明显、有规律，交配顺利。怀孕期短，产仔早，胎产仔数不少于 5 只。有效乳头 6 个以上，泌乳量足，母性强。仔貂成活率不低于 90%。哺乳结束后，体况恢复快。要求颈粗短，后躯宽大，腹部紧凑，其他各点基本与公貂的体型标准相同。

3. 幼貂 应从同窝仔貂多（胎平均 5 只以上，群平均 4 只以上）、出生早（公貂在 5 月 5 日以前，母貂在 5 月 10 日以前）的仔貂中选择。

4. 美国本黑水貂引种标准 以下为国内外引进美国本黑水貂时对种貂的品质鉴别及评价标准。

（1）外貌 公貂头型轮廓明显，面部粗短，眼大有神，公貂显得雄悍，母貂纤秀；颈短而圆，胸部略宽，背腰粗长，后躯较丰满，腹部较紧凑；前肢短小、后肢粗壮，爪尖利，无伸缩性。

（2）体型 引种季节（9 月下旬）体重公貂 2 千克，母貂 1 千克；成年体重公貂 2.25 千克，母貂 1.25 千克。引种季节（9 月下旬）体长公貂不小于 40 厘米，母貂不小于 37 厘米；成年体长公貂不小于 45 厘米，母貂不小于 38 厘米。

（3）毛绒品质 毛色漆黑，背腹毛色一致，底绒灰黑，全身无杂色毛，下颌白斑较少或不显；毛质针毛高度平齐，光亮灵活，有丝绸感，绒毛致密，无伤损缺陷。感观毛被短、平、齐、亮、黑、细。

（4）**针、绒毛长度及长度比**　公貂针毛长 16 毫米，绒毛长 14 毫米左右；母貂针毛长 12 毫米，绒毛长 10 毫米左右；针、绒毛长度比 1∶0.8。

（5）**外生殖器官**　触摸睾丸时两睾丸发育正常、匀称、互相独立、无粘连。母貂的阴门大小、形状、位置无异常，无畸形，乳头多而分布均匀。

四、引种数量和公母比例

新建养貂场，引种的公母比例一般为 1∶4。规模较大的新场，最好从相隔较远的 2～3 个养殖场引种，这样有利于品种的改良。对已养貂多年的老场，引种的主要目的是提高貂群质量和防止近亲繁殖，一次引进的数量不宜过多，而且应以公貂为主。

五、运输

长途运输对水貂的生活影响很大，若组织管理不好易使水貂生病甚至死亡，因此，必须认真做好运输过程中的有关工作。

1. 准备好运输笼　运输笼规格一般为长 100 厘米，宽 50 厘米，高 20 厘米。一只笼子分 5 个小间，每小间放 1 只种貂。笼顶部和侧面为铁丝网，底部用隔板。由于不能保证水貂运输过程中的饮水，因此可投喂切块的黄瓜、苹果、萝卜等多汁的蔬菜或水果。

2. 装车前准备　装车前做好一切减少应激的措施。提前查看两地天气预报，避免温差过大。仔细检查笼子是否牢固，并做好种貂编号登记工作。凡运输时间超过 2 天的，应准备中途喂食的饲料。

3. 加强途中管理　用苦布遮盖运输笼，避免风吹雨淋，防止感冒，注意留下通风孔；每次喂饲不宜太饱，以喂七八成饱为好。注意车内空气的流动，严格控制车内气温，避免日晒雨淋，定时检查笼子松动和种貂身体状况，发现问题及时采取补救措施。

4. 运输后注意事项　种貂运到后立即卸貂，要隔离观察半月以上，确认无异常情况才能与原貂群合群转入正常饲养管理。对染病的引进水貂，一定要彻底治愈后才能合群。

新引入的水貂都有一个适应新环境的过程，一般需要 1 个月时间。养殖环境变化大时，适应时间会更长，这个过程可能会造成死亡。如有条件，可从引种场家购买饲料，使饲喂方式逐渐过渡。除了注意饲料的逐渐过渡外，可以适当增加营养性添加剂的供给，并投放一些抗菌药物。给新引入貂提供铺好垫草的产箱，提供躲避场所，以避免过度应激。

第二节　水貂经济性状的遗传力

估计各种性状的遗传力对于数量性状育种有重要意义。性状的遗传力高，说明这种性状的变异中遗传变异所占的比例大，这种性状的基因是以加性作用为主，受环境的影响较小。这种性状经过正确的选择可以取得明显的育种效果。性状遗传力较低，说明环境对它的影响较大。对这类性状应从家系选择着手，利用杂交获得杂种优势。遗传力的估计是选用育种方法的重要依据。

一、个体大小

水貂的个体大小是目前生产极为重视的经济性状。大体型水貂能提供面积较大的皮张，增加毛皮经济价值。水貂体型大小决定于体重和体长两个方面。有研究工作表明，体重对皮张大小的影响要比体长大，而且体重的测量较为方便，因此对体重遗传力的研究较多。

据国外对标准貂体重进行有计划选择结果的报道，水貂体重遗传力是相当高的，其中父子相关遗传力为 0.66，父女相关遗传力为 0.78；母子相关遗传力为 0.67，母女相关遗传力为 0.44；有计划地对体重指标进行选择，在 2 年内能取得很好的效果。体长的遗传力也很高，据报道，估计遗传力为 0.46～0.98。

二、繁殖性能

繁殖力是目前水貂生产中最受重视的经济性状。繁殖力是以仔貂群平均成活率为主要指标，其中包括种母貂的受配率、产仔率、胎产仔数、死胎数、仔貂成活率、育成率和公貂的配种次数等考核指标。最重要的是胎产仔数和公貂配种力。

水貂的胎产仔数变异很大，最少只产 1 只，最高为 18 只，胎产仔数 5～8 只最为普遍。有报道水貂产仔的遗传力只有 0.04～0.06，但也有报道为 0.30 和 0.24。说明水貂胎产仔数的遗传力比较低。因此，以胎产仔数作为选择指标，对提高繁殖力作用不大。

公貂性活动能力不强是普遍存在的，在标准貂中，有11.9％的公貂性活动能力低，有6.7％完全没有性欲。白色水貂公貂的性活动能力低的占20.6％，完全没有性欲的占8.9％。配种次数不是育种主要选择指标。

三、毛绒性状

水貂毛绒性状主要有绒毛和针毛的密度、长度、细度及毛色深度等。

对针毛密度遗传力以半同胞估计为0.33，以仔亲回归估计为0.38；绒毛密度的遗传力按上述2种方法估计分别为0.44和0.46。如果进行密度大与密度大的个体、密度稀与密度稀的个体同质交配，按仔亲相关和回归计算遗传力为0.40～0.83。如果进行密度大的个体与密度稀的个体异质交配，遗传力则为0.22～0.45。说明水貂针绒毛密度遗传力较低。

水貂腹部毛绒稀是一种缺陷，原因是一种遗传性的毛绒脱落。当父母双方都有腹部毛绒稀疏时，仔公貂中有65％出现这种缺陷，母仔貂有30％存在这种缺陷。当只有一方亲本有这种缺陷时，公、母仔貂中存在这种缺陷的比率为44％和23％。如果双亲都是正常的，仔貂中出现这种缺陷的只有19％和7％。用仔亲回归估计遗传力达0.62。遗传力如此之高，提醒养殖者必须对有缺陷的水貂进行严格淘汰，在群体中逐步淘汰消除这类缺陷，否则将对毛皮质量有严重的影响。

标准水貂毛色深度是一种重要的经济性状，毛色是由质量基因决定的，但在这个毛色基础上有深有浅。这种深浅之分不决定于标准貂毛色基因本身，而是决定于修饰基因。修饰基因是一种对主要基因起辅助作用的基因，也只有在主要基因存在时才起作用。毛色深度的修饰基因只有在标准貂毛色基因存在时才起作用。修饰基因是多基因，每一个基因只起较小的作用，许多修饰基因的累加作用实际上同加性基因有相似的遗传规律，即毛色性状的遗传力较高。

第三节　水貂选种方法

选种就是选择优良的个体留作种用，同时淘汰不良个体，这是积累和创造优异性状变异的过程，因此也是育种工作必不可少的措施。选种亦是选择，包括对质量性状的选择和数量性状的选择。

一、选种方法

（一）对单个数量性状的选择方法

1. 个体选择法　即根据个体的表型值来选择。这种方法适用于遗传力较高的性状。因为这种性状在个体之间表型值的差异，主要由遗传上的差异所致。对水貂的体重、体长、毛色以及白斑大小等性状，采取个体选择法，就能获得好的选择效果。

2. 家系选择法　即以整个家系为一个单位，根据家系的平均表型值进行选择。它适用于遗传力较低性状的选择，如繁殖力、泌乳力、成活率等性状。育种工作中，广泛采用全同胞、半同胞测验进行家系选择。越是遗传力低的性状，需要的全同胞、半同胞数越多（即大的家系）。一般采用5只以上的全同胞和30只以上的半同胞测验结果才比较可靠。此外，还要求家系间的差异基本上不是由于不同环境所造成的。

3. 家系内选择法 即从整个家系中选择超过该家系均值最高的那些个体留种。这种选择方法最适合家系成员间表型相差很大而遗传力很低的情况，实际上是一种在每个家系内的个体选择。

4. 合并选择 合并选择是一种组合个体表现型和家系均值进行的选择。从理论上讲，合并选择因复合了个体和家系的资料，也利用了来源于个体表型值与个体亲属（家系）的两种信息，因而其准确性超过上述 3 种选择方法。在实际应用中，一般适用于以下几种情况：①组成家系的成员数目少，家系表型平均值的可靠性低。②组成家系成员数目很多时，则淘汰掉基准以下的个体，选择基准以上的个体。②选择两个以上的性状，而且它们的遗传力显著不同时，对遗传力低的性状，根据家系表型平均值选择家系；对遗传力高的性状，从家系成员中选择优秀个体留种。

（二）对多个数量性状的选择方法

在育种工作中，多数情况下，选择往往要同时兼顾到几个性状，如水貂的窝产仔数、断奶窝成活仔数、取皮时体重、毛皮质量等。同时选择两个或多个性状，可按以下方法进行选择。

1. 顺序选择法 在一段时间内，只选择一种性状，当这个性状的改良达到所要求的目标之后，再依次进行第二种、第三种性状的选择。此法要达到预定综合改良的目的，需花费很长时间，付出很大精力；对一组负相关的性状，往往在一个性状提高了的同时又会导致另一相关性状的下降。此法适用于选择遗传正相关的性状，而不适用于选择遗传负相关的性状。

2. 独立淘汰法（限值淘汰法） 根据育种的具体要求，对要选择的每一个性状都要制定好最低的中选标准。预选水貂必须各个性状都达到该标准才能留种，凡其中任一性状达不到标准的，不论它在其他性状上如何优良，都一概予以淘汰。此法适合选择遗传负相关的性状，但有时可能淘汰许多性状优良而仅某一性状低于标准的个体。采用这种选择时，不能只注重表现型而忽略遗传力。

3. 综合指数法 根据育种目标的要求，把要选择的性状按其遗传特点（如遗传力、遗传相关等）和经济重要性采取加权处理后，综合成一个指数，依据指数来选择种貂。此法既可以同时选择几个性状，又可以突出选择重点，而且还能把某些主要性状特别优良的个体选择出来，因而育种效果较好。

二、选种标准

1. 毛色和光泽 要求必须具有本品种的毛色特征，全身被毛一致，无杂色毛，颌下或腹下白斑不超过 1 厘米^2。标准貂按国际贸易的统一分色方法，可分为最最黑、最黑、黑、最最褐、最褐、褐、中褐、浅褐 8 个毛色等级。良种貂要达到最最褐色以上，底绒呈深灰色，最好针毛达到漆黑色，绒毛达到漆青色。腹部绒毛呈褐或红褐色者必须淘汰。彩貂应具备各自的毛色特性，个体之间色调均匀。褐色型应为鲜明的青褐色，带红色调的应淘汰；白色型应为纯白色，带黄或褐色调的应淘汰。水貂毛绒光泽性强。

2. 毛绒长度和密度　背正中线 1/2 处两侧的针毛和绒毛，要求针毛长 25 毫米以下，绒毛长 15 毫米以下，针、绒毛长比值为 1∶0.65 以上，而且毛峰平齐、具有弹性、分布均匀，绒毛柔软、灵活。毛绒密度每平方厘米有毛纤维鲜皮为 12 000 根以上，干皮为 30 000 根以上，且分布均匀。

3. 体重和体长　成年公貂体重 2 000 克以上、母貂体重 1 000 克以上。水貂体长是指鼻尖至尾根的长度，要求成年公貂体长 45 厘米以上、母貂体长 38 厘米以上。

4. 繁殖力　成年公貂性情温驯，配种能力强，在一个配种季节交配 10 次以上，所配母貂受孕率达 85% 以上、产仔 6 只以上者可留为种用。

成年母貂选择体型稍细长，头部小、略呈三角形，臀部宽，发情正常，交配顺利，妊娠期在 55 天以内，产仔早，窝产仔成活数在 5 只以上，母性强，泌乳足，仔貂发育正常者可留为种用。当年貂选择在 5 月 5 日以前出生，发育正常，系谱清楚，采食旺盛，体型大，体质健壮，换毛早，眼大有神，反应和行动敏捷者留为种用。对于母貂，有效乳头数不少于 6 个。种貂的有效乳头数对胎产仔数影响不明显，但对仔貂的成活率影响较大，有效乳头多的母貂其仔貂成活率远高于有效乳头少的母貂；母貂外阴正常、乳头分布均匀整齐。对于公貂，睾丸大小适中、左右对称。

通常种公水貂应达一级以上，二级不能留种；种母水貂应达二级以上。成年水貂等级标准见表 4-1，幼年水貂等级标准见表 4-2。具体选种标准见表 4-3 和表 4-4。

表 4-1　成年公貂和母貂等级标准

项　　目	特级	一级	二级
毛　色	深黑	黑	黑褐
毛　质	短平细亮	短平亮	平亮
体　况	健壮丰满	健　壮	健壮细致
配种能力	强	强	较　强
母水貂胎产（只）	＞8	＞6	＞5
断奶成活（只）	7	6	5
秋季换毛	9 月中旬前	9 月下旬前	10 月上旬前

表 4-2　幼龄水貂等级标准

项　目	特级		一级		二级	
	公	母	公	母	公	母
断奶重（克）	≥390	≥350	≥350	≥320	≥310	≥300
11 月份体重（千克）	＞2.2	＞1.0	＞2.0	＞0.9	＞1.8	＞0.85
11 月份体长（厘米）	＞48	＞39	＞45	＞38	＞40	＞36
窝产仔数（只）	＞8		＞6		＞5	
窝产仔成活（只）	7		6		5	
秋季换毛	9 月 20 日前		9 月 30 日前		10 月 10 日前	
毛色	深黑色		黑色		黑褐色	

5. 换毛情况　8 月底前开始脱换夏毛，10 月上旬全身冬毛长齐。实践证明，正常饲养管理条件下，换毛晚的种貂翌年繁殖性能差。

6. 阿留申病检测　10 月下旬经阿留申病检测为阳性的种貂全部淘汰。阿留申病严重影响水貂的生长发育和繁殖性能，可水平和垂直传播，目前尚无有效的防治办法，只能通过淘汰阳性种貂来减小其危害。

表 4 - 3　成年水貂选种标准

性别	项目	初选	复选	终选
公	首次交配时间	3 月 1 日前		
	交配次数	≥15		
	精液品质	优		
	与配母貂产仔率（%）	≥90		
	与配母貂胎平均产仔数率（只）	≥6		
	年龄（岁）	1～3		
	秋季换毛开始时间		9 月中旬	
	秋季换毛速度		快	
	毛绒品质	—	—	优
	体况	中等	中等	优
	健康状况	优	优	优
	后裔鉴定	优	优	优
母	首次受配时间	3 月 1 日前		
	复配次数	1～2		
	产仔日期	5 月 1 日前		
	胎产仔数（只）	≥6		
	仔貂初生重（克）	＞10		
	仔貂断奶时成活率（%）	≥90		
	母性	好		
	泌乳力	强		
	年龄（周岁）	1～3		
	秋季换毛开始时间		9 月中旬	
	秋季换毛速度		快	
	毛绒品质	—	—	优、良
	体况	中等	中等	中上等
	健康状况	优	优	优
	后裔鉴定	优	优	优

表 4-4 幼龄水貂选种标准

性别	项目	初选	复选	精选
公	出生日期	4 月 28 日前		
	同窝仔貂数（只）	≥6		
	断奶体重（克）	≥400		
	秋分时体重（克）		≥2 000	
	秋分时体长（厘米）		≥43	
	秋季换毛开始时间		9 月中旬	
	秋季换毛速度		快	
	毛绒品质			优
	毛皮成熟			完全成熟
	体况	中上	上	上
	健康状况	优	优	优
	11 月份体重（克）			≥2 000
	11 月份体长（厘米）			≥45
母	出生日期	5 月 1 日前		
	同窝仔貂数（只）	≥6		
	断奶体重（克）	≥350		
	秋分时体重（克）		≥900	
	秋分时体长（厘米）		≥37	
	秋季换毛开始时间		9 月中旬	
	秋季换毛速度		快	
	毛绒品质			优
	毛皮成熟			完全成熟
	体况			上
	健康状况			优
	11 月份体重（克）			≥1 000
	11 月份体长（厘米）			37～43

三、选种时间

1. 初选阶段（6—7 月） 初选在分窝时进行。对成年公貂根据配种能力、精液品质等进行初选；对成年母貂根据产仔数、泌乳量、母性、后代成活数等进行初选；对仔貂根据同窝仔貂数、发育状况、成活情况和双亲品质在断乳时按窝选留。初选要按实际留种数的140%选择。

2. 复选阶段（9—10 月）　复选在 9 月中旬，根据生长发育状况、体型大小、体重、体质、毛绒色泽和质量、换毛迟早等对当年貂逐只进行选择。在成年种貂中根据秋季换毛时间、秋季换毛速度、毛绒品质、体况、健康状况和后裔鉴定成绩选择种母貂。复选数量按实留种数量的120%选择。

3. 精选阶段（11 月）　在屠宰取皮前，根据毛绒品质（包括颜色、光泽、长度、细度、密度、弹性、分布等）、体型大小、体质类型、体况肥瘦、健康状况、繁殖能力、系谱和后裔鉴定等综合指标逐只仔细观察鉴别，反复对比观察，最后选优去劣，淘汰复选阶段多留出 20%的水貂。这里要特别注意淘汰有遗传缺陷的个体，如针毛只在尖端色浓、毛被有暗影和斑点、腹部绒毛红褐、卷毛、后裆缺毛者等必须淘汰。对选留的种貂，要统一编号，建立系谱，登记入册（登记卡见表 4－5 和表 4－6）。

种公貂号		体重		品种		来源	
出生日期		父号		祖父号			
同窝仔貂数				祖母号			
外貌特征		母号		外祖父号			
等级				外祖母号			
年度		受配母貂		配种日期		产仔数量（只）	

表 4-6　种母貂登记卡

种母貂号		体重		品种		来源
出生日期	父号			祖父号		
同窝仔貂数				祖母号		
外貌特征	母号			外祖父号		
等级				外祖母号		
年度	配种日期	产仔日期	产仔数量	哺乳数	断乳活仔数	哺乳日期

四、选种的性别和年龄比例

标准黑貂的公和母比例1∶（3.5～4），白貂为1∶（2.5～3），其他彩貂为1∶（3～3.5）。另外，每10只母貂还要多留1只公貂，以免配种季节因公貂发生意外而导致母貂失配。国外的公、母貂比例多为1∶（5～6）。我国也应随着繁殖技术的提高和饲养条件的改善，适当减少公貂的留种数量，以利于降低饲养成本和提高貂群质量。

水貂利用年限一般为3～4年。2岁和3岁母貂的受配率、产仔率、每胎平均产仔数和平均成活数均优于1岁和4岁母貂。5岁以后，母貂的生殖机能减退导致繁殖性能下降。留种的水貂应以2岁水貂为主，1岁、3岁、4岁水貂为辅。种貂群保持2～4岁的成年貂占60%～70%，当年新入选的青年种貂不超过30%的比例较为适宜，这样有利于稳定生产。

生产上，有些貂场为了降低饲养成本，只饲养青年种貂，种公貂配完种后立即取皮，种母貂产仔后经过恢复期后取皮，这种方式不合理，浪费了优良的种质资源。

选配就是为了获得优良的后代而确定个体交配关系的过程。目的是为了在后代中巩固和提高双亲的优良品质，创造新的有益性状。选配得当与否对繁殖力和后代品质有重要影响，因此，它是选种工作的继续，也是育种工作中必不可少的一个环节。

一、选配原则

1. 毛绒品质　公貂的毛绒品质一定要优于母貂（至少要与其相当），以利后代毛绒的提高。

2. 体型　大公貂配大或中的母貂。大公貂与小母貂、小公貂与大母貂或小公貂与小母貂，均属忌配。

3. 繁殖力　公貂的繁殖力也应优于母貂或与其相当方可选配。成年貂的繁殖力根据本身与后代来确定，而幼龄貂根据亲代来考虑。

4. 血缘　因近亲繁殖易退化，所以要求三代内忌配。但是特殊情况应例外，如某些貂具有突出优异的性状需要固定时，可采用近交，但其后代一定要经过认真而严格的选择。

5. 年龄　一般成年貂间，或成年貂与幼龄貂间选配，可以获得较好的生产效果。

二、选配方式

1. 同质选配　选择在品质和性能方面都具有相同优点

的个体交配，以期在后代中巩固和提高双亲所具有的优良特征。但表现型相似并不意味着基因相同，因此，同质选配不是近亲交配，它既可以获得近亲交配相似的效果，又可避免近亲交配所出现的退化现象。

在进行同质选配时，必须掌握的原则是，在主要性状尤其是遗传力高的性状上，公貂的表型值要高于母貂的表型值，即公貂要作为改良者，这样才能使有益的经济性状在后代中得以积累和扩大，而且逐代提高。同质选配常用于纯种繁育和核心群的选育提高。

2. 异质选配　选择在品质和性能方面具有不同优点的个体交配，以期在后代中用一方亲本的优点去纠正另一方亲本的缺点，或者结合双方的优点创造新的类型。其结果类似杂交。

在进行异质选配时，必须掌握的原则是，在质量性状上，只能用一方亲本的优点去纠正另一方亲本的缺点，而不能用同一性状相反的缺点去相互纠正。在水貂生产中，通常采用群体选配，即把优点相同的母貂归为几类，然后为每类貂选择适宜的公貂，共同组成一个选配群，在群内可以自由交配。

第五节　水貂种群繁育技术

一、纯种繁育

纯种繁育是在种貂主要遗传性状的基因型相同、表现型大部分相同的种貂群中，进行同类型自繁并逐年选优去劣、选育提高的过程。当某种优良性状已基本达到育种指标，无须再进行重大改良时，可采用纯种繁育方法，以保持和巩固已经获得的优良性状。严格遵守选种标准达到选优去劣，扩大貂群，一般淘汰率为 40%。宜采用同质选配来巩固提高有益遗传性状，采用远亲选配来防止近亲交配所带来的退化和危害。

采用品系或品族繁育。品系繁育指以一只性状品质和遗传力都是最优秀的公貂作系祖，采取远亲或近亲繁殖所获得的一群优秀后代；品族是以一只优秀母貂为族祖扩繁的一群优秀后代。品系、品族形成后，不同品系、品族间再进行自群繁殖。这样可避免近亲交配，还可以起到选育提高的良好作用。

纯种繁育不但适用于标准貂，而且也适用于彩貂。如果有足够数量的种貂，彩貂最好也采用纯种繁育，即用具有相同毛色基因型和相同毛色表现型的公母貂自群繁殖。这样所得到的后代为纯合子，与双亲一致，有利于迅速扩大彩色水貂群和提高毛绒质量。特别是具有两对或更多隐性毛色基因的彩貂，如黄玉色、浅咖啡色、蓝宝石色、珍珠色等，纯种繁育能得到与亲本色型一致的后代，而且不易退化。

二、杂交繁育

杂交繁育主要用于改良品质，培育优良品种，是指采用 2 个或 2 个以上具有不同遗传类型和不同优良性状的种貂群相交，为了获得杂交优势或新类型的繁育过程。主要根据养殖场的规模和不同的生产目的，采用杂交繁育的方式不同。

1. 级进杂交　级进杂交适用于小型饲养场和专业户，

该方法能有效改良原有貂群的质量。一般引进少量的优良水貂与原有品质低劣的貂群杂交，使繁殖的后代接近或达到引进种貂的水平，从而改良原有的貂群质量。先将引进的优良种貂与本场原有的种貂杂交，杂交一代与引进的种貂回交，第二代杂种又与引进的种貂回交。依次类推，其结果是后代中优良性状种貂的比例越来越高。级进杂交一般进行到3～4代，然后进行自然繁育。

3. 三系杂交　三系杂交要有三个纯系，先对二个系杂交，得到杂交一代，选留其中母貂作种貂，用第三个品系的公貂与其杂交，第二次杂交得到的后代都作皮貂使用，不从中选留种貂。由于第二次所用的种母貂是杂种貂，因而将在繁殖方面表现出杂交优势，可以提高胎产仔数，减少空怀，提高仔貂成活率，对水貂生产极为有利。

3. 轮回杂交　轮回杂交的具体方法是先用两个纯系进行杂交，然后从所获得的杂交一代中选择优良母貂，同两纯系中之一的公貂交配，这样轮回杂交下去，即称为两系轮回杂交。三个纯系参加的称为三系轮回杂交。

三系杂交和轮回杂交的优点是在提高水貂质量的同时，又避免了近亲繁殖，这种方法适合大、中型饲养场选用。

三、核心群的建立

1. 核心种群的构成　在精心选种的基础上，由最理想的种貂群组成核心群，严格选优去劣，在生产群发现优良个体应随时向核心群中补充。核心群始终是全场质量最高的一群，要严格淘汰不理想的后代。同时注意某些微小的有益性状变异，并有目的地积累这些有益性状，进一步提高核心群的质量。核心群的种貂不断向生产群扩充，以逐渐代替生产群，使整个貂群的生产性能及质量不断提高。

2. 核心种群自群繁殖 核心种群的繁殖应采用自群繁殖的方式，同质选配，纯种繁殖，尽量远缘交配，避免近亲繁殖。

3. 核心种群选育提高 核心群要不断地选育提高，及时发现性状的缺陷和不足，注意对新优良性状的观察，不断选优去劣，选育提高。

第 **五** 章
水貂的营养需要与饲料配制关键技术

第一节　水貂的消化生理

一、水貂的消化道解剖生理

1. 水貂的消化系统　由消化道和消化腺两部分组成。消化道包括口腔、咽、食道、胃、小肠、大肠和肛门。消化腺除胃肠黏膜中的腺体外，还有唾液腺、胰腺和肝脏等。口腔中的唾液腺有 3 对，即腮腺、颌下腺、舌下腺，这些有管分泌腺体均开口于口腔。

咽狭窄而长，是消化道与呼吸道的交叉口。咽软腭前与内鼻孔相连，后与耳根相对，咽前上方经鼻后孔同鼻腔相通，后上方通食道。耳咽管开口于咽中部。

食道约长 25 厘米，贴于气管背面，通过胸腔向后经过横膈膜与胃贲门相通。

胃位于腹腔偏左侧，横置呈长袋状，前为贲门通食道，后为幽门通十二指肠。贲门与幽门有括约肌，胃大弯向左，小弯向右，胃黏膜层形成很多纵向排列的皱褶。

肠较短而细,包括小肠与大肠。小肠包括十二指肠、空肠与回肠,其长度为体长的 3.5～4 倍。胃幽门下即十二指肠,向右后侧延伸接空肠。空肠长 13～26 厘米。空肠往下接回肠。空回肠为 110～147 厘米,水貂肠各段无明显界限。

大肠包括结肠与直肠,全长 20 厘米左右。无盲肠,直肠末端为肛门。

水貂的大、小肠无明显界限,只是结肠较粗,肠黏膜有发达的纵行皱襞,无绒毛,而小肠内具绒毛。大、小肠全长 143～193 厘米。

水貂肝脏非常发达,前端与横膈膜相接,后部盖于胃及小肠腹面,分 6 叶,呈暗红色。正常胆囊管暗黄色,呈梨形。胆囊管在接近十二指肠处汇成总胆管,开口距幽门约 1.5 厘米的十二指肠。

水貂的胰脏细长,呈半环状,长 5～6 厘米,宽 0.5～1 厘米,质量为雄貂 4.3 克、雌貂 3.5 克。胰分为左右两臂,左臂为胰尾,右臂为胰头。头与尾在胃幽门后方相会,胰液管在两臂相会处与十二指肠相通。

2. 水貂消化特点　水貂的犬齿发达,门齿和臼齿不发达。与其他肉食性动物相比,水貂的胃更为简单,小肠更短,且无盲肠。食糜从小肠到结肠不会因为回盲瓣的存在而减慢,短的非囊状结肠不会延长食糜的滞留时间,微生物也没有充足的时间作用于碳水化合物。几种单胃动物的小肠与体长比见表 5-1。

有研究表明,仔貂肠道发育至 8 周龄,成年后尽管水貂体重增加,但肠道长度保持不变,质量有所下降。

表 5 - 1　动物的小肠与体长比

动物	小肠与体长比
猪	14/1
兔	10/1
犬	6/1
猫	4/1
水貂	4/1

二、水貂的消化生理特性

水貂咀嚼不细，食物颗粒与唾液混合形成食团进入胃。唾液中含有淀粉酶可部分分解淀粉。胃壁细胞分泌的盐酸和胃蛋白酶可水解蛋白质产生小的多肽，也有脂肪酶用于脂肪的水解。胰腺和小肠壁分泌蛋白酶、脂肪酶、淀粉酶、乳糖酶、麦芽糖酶和蔗糖酶，分解蛋白质、脂肪和碳水化合物。大肠是水和矿物质的主要吸收部位。

成年水貂肠黏膜产生的碳水化合物消化酶同其他单胃动物相同，肠黏膜水解酶活性的发育对于幼龄水貂消化功能的完善至关重要。水貂肠道水解酶的发育比大鼠、猪等动物晚，且水貂蛋白质和脂类酶活性的发育比碳水化合物水解酶的发育早一些。7 周龄水貂的小肠蛋白和脂肪水解酶的活性与成年貂无明显差异，但 11 周龄水貂淀粉酶和蔗糖酶的活性仍比成年貂低很多。在日粮中添加蛋白质和碳水化合物水解酶并不能改善水貂的生产性能。

由于水貂肠道的生理特性且长度较短，所以食糜通过消化道的速度比其他肉食动物快。食糜通过水貂消化道的时间为 1～6 小时，平均为 3 小时。谷物饲料原料（玉米、燕麦和小麦）的通过速度比加工后的同种饲料快 30 分钟。鱼粉替代鲜鱼后，饲料的通过速度变快。

肠道菌群的存在对保持良好的营养状态发挥着重要作用。结肠中细菌为厌氧菌，最高可达到 10^8 个菌落单位/克，比其他哺乳动物结肠的细菌种类少。在水貂肠道内几乎没有消化蛋白质的微生物，但存在着降解细胞壁非淀粉多糖的微生物。在粪便中存在短链脂肪酸，说明小肠/结肠中存在着微生物发酵作用。肠道菌群可以合成维生素 K，间接证明了这些菌群的营养作用。水貂肠道微生物也可以合成维生素 B_{12}，但会因碳源的不同，维生素 B_{12} 的合成有很大差异。若用蔗糖为唯一碳源的纯合饲粮饲喂水貂，水貂粪便中维生素 B_{12} 的含量是糊精为碳源的纯合日粮的 6 倍。

第二节　水貂对营养物质的消化特点

一、水貂对碳水化合物的消化

水貂对碳水化合物的消化能力随着年龄的增加而增加。泌乳母貂对碳水化合物的消化率优于幼龄貂，钢蓝色成年公貂消化玉米和豆粕的能力优于浅色毛系的公貂。水貂对碳水化合物的消化能力不受脂肪/碳水化合物比值大小的影响。饲料中的碳水合物用无氮浸出物（nitrogen free extract, NFE）表示，无氮浸出物不是测定值，而是一个计算值，即 $NFE =$ 干物质（％）－［粗蛋白（％）＋粗脂肪（％）＋粗灰分（％）］。因此，粗蛋白、粗脂肪和粗灰分，任何一个指标测定有误都会导致无氮浸出物的结果有偏差。表 5－2 为水貂对碳水化合物的消化率。

表 5-2　水貂对碳水化合物的消化率

饲料原料	消化率（%）	饲料原料	消化率（%）
大麦（糠）	40	豆粕（44%蛋白，未去皮）	49
大麦（未加工）	60	豆粕（熟制）	57
大麦（熟制）	69	豆粕（50%蛋白，去皮）	58
玉米（未加工）	58	马铃薯（未加工）	2
玉米（熟制）	80	马铃薯（熟制）	80
玉米（膨化）	80	马铃薯淀粉（熟制）	77
玉米片（烤制）	82	黑麦麸	40
玉米蛋白粉	60	木薯粉（熟制）	80
玉米（粉渣副产品）	69	木薯淀粉（未加工）	32
玉米淀粉（未加工）	58	木薯淀粉（熟制）	82
玉米淀粉（熟制）	85	小麦（未加工）	73
奶	100	小麦（熟制）	79
奶粉（干燥）	98	小麦片（烤制）	85
燕麦（未加工）	50	小麦淀粉（未加工）	72
燕麦（脱壳）	68	小麦淀粉（熟制）	87
燕麦（蒸汽，压制）	81	小麦麸	50
燕麦（熟制）	84	小麦胚芽	68
谷物混合物	74	次粉	67

注：谷物混合物中含经过蒸汽和压制处理的燕麦 55%，小麦胚芽 20%，啤酒酵母 10%，豆粕 8%，麦麸 5%，苜蓿草粉 2%。

　　水貂可以很好地耐受未加工处理的马铃薯和木薯淀粉，但未经加工的玉米和小麦麸淀粉可使水貂出现腹泻。水貂对乳糖的消化率只有 50%，对结构简单的糖（如果糖、葡萄糖、麦芽糖和蔗糖）的消化率是 100%。对复杂碳水化合物（如纤维素、半纤维素、木质素、棉子糖和水苏糖等）的消化率为 0。豆粕中含有水苏糖是水貂对豆粕碳水化合物消化率低的原因之一。

谷物日粮通过煮制、膨化、烤制等加工处理导致淀粉糊化，直链或支链淀粉的微粒转化成小的聚合物，使其具有更高的吸水性，并能提高消化率。其他的加工处理，如精磨、添加酸化剂和酶制剂均可以提高碳水化合物的消化率。

大麦、玉米、燕麦和小麦的精磨（超微粉碎）可使碳水化合物的消化率提高 20%。粒径 0.7 毫米玉米的消化率是 48%，粒径 0.1 毫米玉米的消化率是 68%。为了获得好的消化率，推荐玉米颗粒的 93% 可通过 0.5 毫米的分样筛。

0.5% 冰醋酸可以增加混合谷物的黏稠度，降低细菌总数，可保鲜 3 天。但在谷物日粮熟制前添加乙酸没有显著增加碳水化合物的消化率。

小麦用淀粉酶和细胞壁分解酶（纤维素酶、半日纤维素酶、β-葡聚糖酶、戊聚糖酶、果胶酶和木聚糖酶）可提高碳水化合物的消化率，这种处理比煮熟处理有效。

二、水貂对脂肪的消化

水貂对脂肪的消化能力随年龄的增加而增加。特定脂肪水解酶（胃脂肪酶）活性在 3～9 周龄逐渐增加，因此幼貂在 7～9 周龄对脂肪的消化能力呈线性增加，非常接近成年貂对脂肪的消化能力。水貂对脂肪的消化能力表现为随日粮脂肪/碳水化合物比的降低而降低。日粮中饱和脂肪酸和不饱和脂肪酸的比例，脂肪氧化酸败的程度均可影响脂肪的消化；日粮中的钙盐也会影响肠道对长链脂肪酸的吸收。影响脂肪消化的主要因素是脂肪酸的组成。脂肪酸的消化随脂肪酸链长度的增加而降低。脂肪酸链长度相同时，不饱和比饱和的脂肪酸更易消化。日粮脂肪中硬脂酸的含量越高，消化率就越低。水貂对脂肪消化率见表5-3。

表5-3 水貂对饲料原料中脂肪的消化率

饲料原料	消化率（%）	饲料原料	消化率（%）
鲜/冷冻饲料		加工的畜产品/鱼	
牛肉	81	鱼粉	92
牛肝	91	肉粉	82
牛肺	91	禽肉粉（带毛）	79
牛脾	91	蚕蛹粉	88
牛脂（未加工）	68	炼油	
牛肚（瘤胃）	89	鱼油	95
鸡副产品（肠∶爪∶头为50∶25∶25）	94	牛油（美国产）	93
鱼（鱼排）	94	猪油（美国产）	93
鱼（全鱼）	96	氢化鱼油	
蛋鸡（淘汰）	91	毛鳞鱼油	94
马肉	93	-21℃氢化	91
乳产品	90	-33℃氢化	84
猪内脏	85	-41℃氢化	67
植物油			
卵磷脂	91		
菜籽油	95		
豆油	95		

脂肪氧化酸败程度对消化率的影响特别大（表5-4）。鱼油在贮存过程中会损失n-3多不饱和脂肪酸，这在一定

程度上是脂肪消化率下降的原因。

表 5-4　脂肪氧化酸败及相应的水貂消化率

脂肪	过氧化值（m. e. O_2）	消化率（%）
新鲜鱼油	0	96
氧化鱼油	200	92
氧化鱼油	400	76

　　由于在肠道中钙与脂肪酸发生皂化反应，日粮中钙的类型和添加水平可影响水貂对脂肪的消化率。日粮中添加 1% 的石粉，水貂对脂肪消化率降低 10%。磷酸二钙、磷酸三钙和肉骨粉对脂肪消化率的影响均不如石粉的作用大。在水貂日粮加工中，常用硫酸对鱼保鲜，再用氢氧化钙降低酸度，提高 pH，但这种处理会使脂肪的消化率降低 6%。除了石粉，鱼内脏粉和肉骨粉中的灰分都能显著降低脂肪的消化率。灰分由 4% 提高到 14%，牛油的消化率从 82% 降至 66%，菜籽油的消化率从 95% 降至 90%。

三、水貂对蛋白质的消化

　　7～9 周龄，水貂对蛋白质的消化率呈线性增加，但对劣质蛋白质饲料（如肉骨粉）不存在这种线性增加。在 11 周龄时，无论是公貂还是母貂对蛋白质的消化率均达到最高。7～38 周龄，水貂对氮的消化率随着年龄的增加略有增加，但并没有显著差异。在生产中，一定要最大限度地给幼龄貂提供易消化的蛋白质饲料。

　　由于水貂肠道短，食糜排空速度快，水貂对蛋白质的消化能力还是有限的。5 周龄鸡对肉骨粉中蛋白质的消化能力

高于 9 月龄水貂的。水貂对饲料原料中蛋白质的消化率见表
5-5、表 5-6。蛋白质的消化率与日粮灰分的含量呈负相
关。日粮粗灰分含量每增加 1%，蛋白质的消化率降
低 0.6%。

表 5-5　水貂对饲料原料中蛋白质的消化率

饲料原料	消化率（%）	饲料原料	消化率（%）
鲜/冷冻饲料		脱水畜禽/鱼	
牛食管	80	血粉	90
牛肠	89	羽毛粉	18
牛肝	89	羽毛粉（酸解）	68
牛肺	80	鱼粉（高灰分）	80
牛肉	87	鱼粉（全鱼粉）	83
牛肚（瘤胃）	85	鱼溶浆	77
牛脾	86	肉粉（10%灰分）	80
奶酪	96	肉粉（20%～25%灰分）	71
白软干酪	93	肉灰（30%灰分）	60
鸡（1 日龄）	68	鸡肉粉（无毛）	74
鸡蛋	90	鸡肉粉（有毛）	58
鸡内脏（肠）	87	蚕蛹粉	91
鸡爪	56	脱脂奶粉	92
鸡头	77	鲸鱼肉粉	91
鸡脖	82	植物蛋白	
鸡架（无毛）	80	大麦	75
鸡架（带毛）	50	玉米渣粉	57
鱼排	80～83	玉米蛋白粉	86
鱼肉	96	玉米	70

饲料原料	消化率（%）	饲料原料	消化率（%）
鱼头	83	脱壳燕麦	77
鱼肠	94	马铃薯蛋白	88
鱼皮	95	黑麦麸	55
全鱼	90	大豆（未加工）	62
马肝脏	93	大豆（熟制）	67
马肉（无骨）	92	豆柏	80
牛奶	94	大豆浓缩蛋白	92
猪脊骨	61	麦麸	65
猪头	56	小麦	74
猪肉	87	小麦谷朊蛋白	92
猪耳	87	次粉	60
猪蹄	81	全麦粉	70

表 5-6　鸡、水貂对肉骨粉中氨基酸的消化能力

氨基酸	鸡（5 周龄）	水貂（9 月龄）
氮	—	60
必需氨基酸		
精氨酸	93	78
组氨酸	74	53
异亮氨酸	76	63
亮氨酸	77	66
赖氨酸	77	65
蛋氨酸	68	64
胱氨酸	—	26
苯丙氨酸	76	73

氨基酸	鸡（5 周龄）	水貂（9 月龄）
酪氨酸	74	66
苏氨酸	63	57
色氨酸	53	38
缬氨酸	76	63
非必需氨基酸		
丙氨酸	82	67
天门冬氨酸	64	25
谷氨酸	74	55
甘氨酸	77	63
氢脯氨酸	85	70
脯氨酸	83	67
丝氨酸	77	64

第三节　水貂的营养需要

为了保证水貂正常的繁殖和生长，并生产优质毛皮，需要为水貂提供所需的营养物质。

一、水

水貂失去 100％的体脂可以活着，失去 50％的体蛋白也可以存活，但失去 10％的水分即可死亡。水貂缺水 24 小时将出现食欲废绝、不休息、精神沉郁、眼睛下陷、肌肉震颤并萎缩，皮毛水分流失等。停水 3 天在任何环境条件下都能导致水貂死亡。

水主要的三个生理作用：水是动物机体的结构物质；为饲料和细胞代谢提供环境；维持体温调节所必需。成年动物的含水量占 70％，水分的 2/3 分布在细胞内液、1/3 分布在细胞外液中。

水的来源有饮水、饲料中水分和代谢水。母貂的研究结果表明，水貂对水的需要量 66％ 来自饲料水、14％ 来自饮水、20％ 来自代谢水，三种水的来源所占比例不固定。哺乳期水貂在哺乳的第 4 周，代谢水占总水量的 10％～12％，说明体脂氧化加强。成年水貂代谢水占总摄水量的 14％～70％ 不等。饥饿的水貂，没有饲料水的摄入，平均每日水平衡是每千克体重 58 毫升，与从饲料中获得的水分［平均每千克体重 63 毫升/天］相差不大。通过直接测热得到母貂在 18 ℃ 每天水平衡是每千克体重 75 毫升，哺乳期母貂在 15 ℃ 时每天为每千克体重 76 毫升，在 20 ℃ 每天通过蒸发散失水分每千克代谢体重（体重$^{0.75}$）64 毫升。

通常随着日粮蛋白质水平的提高，水貂水的摄入量增加，说明机体需要更多的水分排出尿素氮。相对于其他日粮蛋白质水平，水貂采食无蛋白质日粮时通过粪便排出的水分要低，其他日粮蛋白质水平虽然不同，但通过粪便排出的水分无明显差异。尿的排出量与日粮中蛋白质水平密切相关，日粮蛋白水平高时尿量也高，日粮蛋白质水平低时尿量也低。采食无蛋白质日粮，水貂通过尿排出的水分低于通过粪排出的水分量。

水貂的饮水量与代谢体重的大小有关。体重 2 千克的公貂和体重 1 千克的母貂每天水的需要量分别为 190 克、26 克。

因为水貂没有汗腺，没有显汗蒸发，皮肤流失的水分主要是隐汗蒸发。机体的失水包括呼出的水汽、尿、粪、哺乳期分泌的乳汁。腹泻或肾功能异常也会造成机体严重失水。随着环境温度的升高，每天每千克代谢体重通过皮肤蒸发失去的水分为 50～125 克。水平衡试验表明，10 月的公貂每天水的摄入量为 157 克，33 克在粪中、47 克在尿中，保留在组织中和呼出水汽共有 77 克。环境温度、干物质和代谢能摄入量、生理阶段均可以影响水貂的需水量。采食每克干物质需要水分 2.8 克或采食每 4.18 焦耳消化能需要水分 0.63 克。体重为 780 克的母貂平均每天每 100 克体重的需水量为 13.3 克。

二、能量

一种饲料完全燃烧产生水、二氧化碳和其他气体时所释放出的全部热量，即该种饲料的总能，又称为燃烧能。饲料总能含量在一定程度上反映了饲料的营养价值。消化能指饲料总能在消化过程中被消化吸收的部分，其数值为总能减去排出体外的粪能。消化能就是用可消化营养物质所含的能量来评定饲料的营养价值。水貂的代谢能为总能减去粪能和尿能。产生的代谢能见表 5－7，代谢能的计算方法见表 5－8。

表 5－7 营养物质的代谢能

营养物质	代谢能（焦/克）
可消化脂肪	39 700
可消碳水化合物	17 500
供能的可消化蛋白	18 800

表 5-8　代谢能的计算方法

营养物质	含量(%)		消化率(%)		代谢能(%)	
蛋白质	36	×	85	=	30.6×4.5	=137.7
脂肪	28	×	90	=	25.2×9.5	=239.4
灰分	8					
无氮浸出物*	28	×	75	=	21.0×4.2	=88.2
合计						465.3

＊无氮浸出物＝100％－［蛋白质（％）＋脂肪（％）＋灰分（％）］；

蛋白质提供代谢能（％）＝137.7×100/465.3＝29.6％。

　　水貂因生活环境和生理状态不同，对能量的需求量也不同。通常维持期的需要量最低，繁殖期和育成期需要量逐渐增加，随着生长发育基本完成，到冬季毛皮形成期又减少。如果日粮中可消化物质少、营养物质比例失调或饲料营养价值低劣，则往往导致能量供应不足，使得水貂生长发育缓慢或停滞、机体消瘦、毛色暗淡、乳量不足等。生长期水貂的能量分布见表 5-9，能量需要见表 5-10。

表 5-9　生长期水貂的能量分布

（引自 Jorgensen，1985）

能量分布	比例（％）
粪中能量损失（未消化的）	15％
尿中能量损失（吸收了但未被利用）	7％
能量损失（生命过程和活动过程）	53％
能量沉积（以组织蛋白和脂肪的形式沉积）	25％

表 5-10　生长期水貂的能量需要（ME，兆焦/天）

时间	公/母	公貂	母貂
5 月 6—19 日	0.008 4		
5 月 20 日至 6 月 2 日	0.096		
6 月 3—16 日	0.28		
6 月 17—30 日	0.62		
7 月 1—15 日		0.96	0.74
7 月 16—31 日		1.23	0.93
8 月 1—15 日		1.35	1.02
8 月 16—31 日		1.41	1.06
9 月 1—30 日		1.46	1.08
10 月 1—31 日		1.49	1.12
11 月 1—30 日		1.29	0.93

彩貂包括蓝鸢尾草色（blue iris）、希望（hopes），马哈根尼（mahoganys）、粉红色（pinks）、蓝宝石色（sapphires）、珍珠色（triple pearls）、紫罗兰色（violets）及野生水貂的能量需要均高于标准貂。有些蓝鸢尾草色貂场在冬毛生长期（10 月初）提高饲料能量水平（脂肪含量＞24%）可使水貂身体健康并获得较大尺寸的皮张。如果生长后期（7—8 月）饲料中脂肪过高，进入 9 月公貂易出现"腰部换毛不全"（hipper）问题（毛皮发育不理想）。即便是黑色貂，也有由于能量不足导致 4 月中旬出现大量貂死亡的现象。

新生仔貂缺乏能量储备，因此在出生后的 24～26 天完全依赖母乳获取营养物质，3 周龄时可采食固体饲料，营养需要部分依赖母乳。研究表明，公貂的生长速度比母貂快

10%，相应乳汁的摄入量也显著要高。泌乳量第 1 周 90 克/天，第 4 周增加到 190 克/天，相当于仔貂用于生长和维持的能量需要为 460～1 005 焦耳/天。体重 1 100 克的母貂在 4 周里泌乳超过 3 000 克。当哺乳期母貂的能量需要不能满足时会出现能量负平衡，从而导致母貂代谢异常，即"哺乳症（nursing sickness）"。

母貂分娩后 3～24 天，每天代谢能的需要量为 1.059 兆焦。幼貂 10 日龄内每天代谢能的需要量为 20.9 焦，10～20 日龄每天代谢能需要量为 83.7 焦，20～30 日龄每天代谢能需要量为 209 焦，30～40 日龄每天代谢能需要量为 293～377 焦，40～50 日龄每天代谢能需要量为 460～628 焦。丹麦的研究结果表明，日粮干物质的代谢能值 14.36～17.37 兆焦/千克对水貂的繁殖和生长没有影响。窝产仔数较多的母貂在哺乳后期都处于营养负平衡状态，水貂动员体储，失去体重的 15%～20%，主要发生在哺乳期 4～6 周龄时。幼貂体成分和体重变化见图 5 - 1 和图 5 - 2。

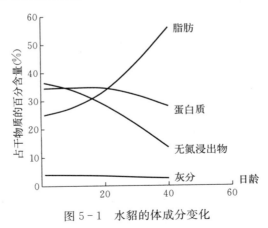

图 5 - 1　水貂的体成分变化

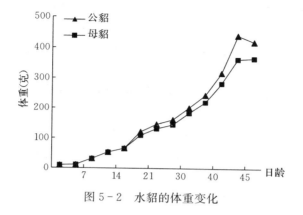

图 5-2　水貂的体重变化

三、蛋白质

1. 蛋白质生理　蛋白质由 22 种氨基酸组成，是肌肉、器官和内分泌腺的重要组成部分，是骨基质、牙齿、皮肤、指甲、毛和血液中血红蛋白、血浆等的主要成分。抗体、酶和某些激素也是蛋白质。蛋白质的周转过程中虽然有些氨基酸可以重新利用，但由于有些蛋白质用于供能等损失，所以在循环代谢过程中这些氨基酸并不充足。对于生长、长毛和妊娠的水貂，需要更多的蛋白质合成体组织。不同于植物，动物体内不能合成所有的氨基酸，因此需要外源补充蛋白质（氨基酸）以维持生命和繁殖。作为一种营养物质，蛋白质也可以为水貂提供代谢能，约为 0.019 兆焦/克。

由于水貂是肉食动物，蛋白质是其首要考虑的营养物质。在所有的营养物质中，蛋白质的需要量最高，而且价格也较高。蛋白分子和大的多肽通常不易被小肠黏膜直接吸收，必须在胃和小肠内由酶分解为游离的氨基酸和小肽才能被吸收。但初乳例外，初乳中含有大量的免疫球蛋白为新生仔貂提供被动免疫，使仔貂获得保护，如对犬瘟热有 8～10 周的保护。蛋白质具有免疫原性，如果不经消化进入体内会引起过敏反应。

确切地说，水貂需要的不是蛋白质而是蛋白质中的氨基酸。水貂体内通过转氨作用，可以由葡萄糖代谢产物和氮合成氨基酸，这些氨基酸是非必需氨基酸。体内不能合成，必须由外源补充的氨基酸是必需氨基酸。必需氨基酸包括精氨酸、组氨酸、异亮氨酸、亮氨酸、赖氨酸、蛋氨酸、苯丙氨酸、苏氨酸、色氨酸和缬氨酸。半必需氨基酸包括胱氨酸和酪氨酸。非必需氨基酸包括丙氨酸、天门冬氨酸、谷氨酸、甘氨酸、羟脯氨酸、脯氨酸、丝氨酸、正亮氨基和牛磺酸。

2. 蛋白质需要量的表示方法 水貂对蛋白质的需要量可以用粗蛋白百分含量（干物质基础）、能量蛋白比和蛋白质提供代谢能占代谢能的百分比表示。推荐蛋白质代谢能的百分比见表 5 - 11。

表 5 - 11 推荐蛋白质代谢能的百分比

阶段	北美	北欧协会
生长后期（7—8 月）	25	30
产皮期（9 月至取皮）	30	30
维持期（取皮至翌年 2 月下旬）	25	35
繁殖期（3—4 月）	40	
哺乳期（4 月下旬至 5 月）	35	40
生长初期（6 月）	30	40

水貂对营养物质的需要在某种程度上与猫很相似，因此，有关猫的研究数据可用于补足对水貂研究的不足。水貂

水貂高效养殖关键技术

和猫对蛋白质都有很高的需要量。水貂对蛋白质的需要量，维持需要占代谢能的 20%～25%，繁殖阶段占代谢能的40%～50%。精氨酸对于大多数动物来说是非必需氨基酸，但对于水貂却是必需氨基酸。日粮缺乏精氨酸可影响水貂的生理功能。某种必需氨基酸从日粮中除去，第二天就可以导致水貂采食量降低，体重也会随之缓慢降低，但没有其他急性临床症状。当精氨酸从日粮中去除后，会由于高氨血症引起水貂体重急剧下降。毛皮的生长对氨基酸的需要量显著高于生长的需要，尤其是精氨酸和含硫氨基酸。

绝大多数饲料中蛋白质的必需氨基酸是不完全的。当两种以上饲料混合搭配时，所含的不同氨基酸就会彼此补充，使日粮中的必需氨基酸趋于完全，从而提高饲料蛋白质的利用率和营养价值。

饲料中蛋白质过多，会降低水貂对蛋白质的利用率，不仅浪费饲料，饲养效果也不理想。但如果蛋白质不足，动物机体会出现氮的负平衡，造成机体蛋白质入不敷出，对生产也不利。水貂缺乏蛋白质时，会引起贫血，抗病能力降低；幼龄动物生长停滞，水肿、被毛蓬乱，出现白鼻子、长趾甲、干腿等极度营养不良的现象，越长越小，最后消瘦而死亡；种公貂精液品质下降；母貂性周期紊乱，不宜受孕，即使受孕也容易出现死胎、产弱仔等现象。

四、脂肪

脂肪广泛存在于水貂机体的器官、组织细胞之中，是形成新组织、修补旧组织必不可少的成分，是水貂生命活动中能量的重要来源，也是能量贮存的最好形式。脂肪所含的能

量为碳水化合物的 2.25 倍，水貂每日所需能量，约有 50%
来自脂肪。饲料中的碳水化合物在水貂机体内容易转化成体
脂肪，脂肪是脂溶性维生素的溶剂，日粮中有脂肪存在，水
貂才能很好地利用维生素 A、维生素 D、维生素 E、维生素
K。脂肪是水貂机体制造维生素和激素的原料，也是乳汁的
成分，是亚油酸、亚麻油酸和花生烯酸的供应源，也是脑和
神经组织的主要成分，并参与调节机体的新陈代谢。

当日粮中脂肪含量高时，则极易氧化变质，不饱和脂肪
酸往往被氧化为饱和脂肪酸。这种变质脂肪还会破坏维生
素。给水貂喂这种日粮，易引起水貂拒食，妊娠期易导致胚
胎腐烂，生长貂则易患黄脂肪病。为避免这种情况发生，应
在日粮中加入维生素 E 或其他抗氧化剂，将饲料放入冷库
中低温保存。

水貂不同时期对脂肪的需要量不同，通常维持期和繁殖
期日粮脂肪含量低，泌乳期和生长期随着对能量需要的增
加，日粮脂肪含量相应提高，9 月冬毛生长期再降低日粮脂
肪的含量（表 5 - 12），推荐配种期 15%～18%、妊娠期
15%～18%、泌乳期 20%～25%、育成期 23%～25%、冬
毛生长期 18%～20%。

表 5 - 12　水貂不同生理时期的脂肪供给量

生理时期	脂肪供给量 （占干物质的比例，%）	Leoschke 推荐值
繁殖期（1—4 月）	18～22	
哺乳至发育初期（5—6 月）	22～30	24
发育后期（7—8 月）	24～30	22～24
毛皮形成期（9—12 月）	20～22	20

脂肪的主要成分是脂肪酸，其中，十八碳二烯酸、十八碳三烯酸和二十碳四烯酸为必需脂肪酸。在类脂中主要是磷脂（卵磷脂、脑磷脂）。在育成期和换毛期，不少貂场以低脂肪的小杂鱼和玉米面为主饲喂水貂，脂肪明显不足，阻碍了水貂的发育和换毛。日粮中如果缺乏脂肪，则易造成育成水貂生长迟缓、皮肤干燥、毛绒干燥、毛脆弱而无光泽、采食量增加，还易导致出现脂溶性维生素缺乏症。因水貂日粮以动物性饲料为主，故在生产实践中极少见到脂肪缺乏症，更多的情况是日粮中脂肪含量过高。

五、碳水化合物

水貂日粮中的碳水化合物是机体热能的重要来源之一，它可在机体内转化为体脂贮存起来或转变为肝糖原和肌糖原备用，同时，碳水化合物能参与调节机体的生理功能，防止脂肪酸氧化过程中产生过多的酮体（抗酮作用）。碳水化合物还具有解毒、利尿的功能。对水貂来说，碳水化合物的主要来源是禾本科、豆科作物的籽实和薯类的块根。

在人工饲养条件下，每只成年水貂一般每日需要含碳水化合物的谷实类饲料 13～20 克，占日粮总热能的 20％左右；幼龄水貂在快速生长后期日需谷实类饲料 25 克左右，约占日粮热能的 30％。用谷实类饲料作为热能的主要来源，可以减少蛋白质和脂肪的消耗，从而避免由于有机酸和酮体过多所造成的酸中毒；而且与蛋白质和脂肪供能相比，碳水化合物供能最经济合算。

水貂缺乏对碳水化合物中纤维素的消化机能。但日粮中干物质含有 1％的纤维素时，能刺激胃肠蠕动，帮助消化。当纤维素增加到 2％时，则将增加其他营养物质的消耗量；纤维素增到 3％以上，则往往引起水貂消化不良、腹泻。对粮食饲料进行熟制加工，则可提高水貂对碳水化合物的消化能力。

六、维生素

维生素是一类维持机体正常生理功能所必需的小分子有机化合物，可概括为脂溶性维生素和水溶性维生素两大类。脂溶性维生素是一类易溶于脂肪而不溶于水的维生素，主要包括维生素 A、维生素 D、维生素 E、维生素 K 等。水溶性维生素易溶于水，主要包括 B 族维生素和维生素 C。它们虽在饲料及水貂体中含量很少，但对调节机体各种代谢反应正常进行有极重要的作用。饲料中一旦缺乏维生素，就会使机体生理功能失调，发生维生素缺乏症。

冬毛生长期维生素 A 不足，则被毛生长发育受阻；严重缺乏时，冬毛停止生长，延迟夏毛的脱换，毛绒空疏，无光泽，毛皮质量低劣。幼龄貂缺维生素 A，则影响体蛋白合成及骨组织发育，生长发育速度缓慢，经常腹泻，性成熟延迟。成年公貂能贮存供 2 个月用的维生素 A；仔貂机体消耗多，贮存较少。动物肝脏、蛋黄、牛乳含有丰富的维生素 A，是水貂维生素 A 的最佳供应源。水貂对胡萝卜素（维生素 A 原）的消化率低，且转化成维生素 A 的效率也较低，仅能利用一部分。

成年貂维生素 D 缺乏易患软骨症，骨骼变软，关节粗大。哺乳母貂若缺乏维生素 D，则停止泌乳或乳量不足，机体消瘦，食欲下降，生产中有人称此病为授乳病。实践证明，给母貂补加维生素 A 的同时，再添加维生素 D 100～150 国际单位／（日·只），可使胎儿发育健壮，提高仔貂成活率。

水貂可以将色氨酸转化为烟酸，但合成量不能满足需要。

七、矿物质

维持机体生活所必需的矿物质有钙、磷、氯、钠、钾、镁、硫，以及含量很少的铁、碘、氟等。矿物质是机体细胞的组成成分，直接或间接地参与细胞、组织和器官的各种生理活动，如生长、发育、分泌、繁殖、代谢调控等。矿物质对维持机体组织功能，特别是对神经和肌肉组织的正常兴奋性有极重要的作用。矿物质也参与食物的消化和吸收过程，如胃液中的盐酸及胆汁中的碱性钠盐等，对各种营养物质的消化吸收都是必需的。矿物质在维持水的代谢平衡、酸碱平衡、调节血液正常渗透压等方面也有很重要的生理作用。

钙约占机体内无机物总量的 70%，而其中 99% 的钙存在于骨骼中。存于骨骼中的磷约占 80%。水貂乳中，钙占干物质的 0.91%，磷占 1.03%。由此可见，对水貂进行钙、磷的供应是非常重要的。根据 NRC 水貂饲养标准，饲料中钙、磷的含量，育成期为 0.4%、维持期 0.8%，钙、磷比例为（1～2）：1。

为补充钠，每天可喂给食盐 0.3～0.5 克/只。铁、铜等微量元素，可以微量元素添加剂的形式补充 0.1～0.2 克/只。

八、营养标准

结合国内外研究成果和已积累的经验，分别介绍以下几个标准或应用的技术参数（表5-13至表5-15）。

表5-13 水貂营养需要（NRC）（干物质基础）

项目	生长期		维持期（成熟）	妊娠期	泌乳期
	断奶至13周龄	13周龄至成熟			
能量					
公貂（兆焦）	17.08	17.08	15.07		
母貂（兆焦）	16.45	16.45	15.07	16.45	18.84
粗蛋白（%）	38	32.3~38	21.3~38	38	45.7
脂溶性维生素					
维生素A（国际单位）	5 930				
维生素E（毫克）	27				
水溶性维生素					
维生素B_1（毫克）	1.3				
维生素B_2（毫克）	1.6				
泛酸（毫克）	8.0				
维生素B_6（毫克）	1.6				
烟酸（毫克）	20.0				
叶酸（毫克）	0.5				
生物素（毫克）	0.12				
维生素B_{12}（微克）	32.6				
矿物质					
钙（%）	0.4	0.4	0.3	0.4	0.6
磷（%）	0.4	0.4	0.4	0.4	0.4
钙∶磷	(1~2)∶1	(1~2)∶1	(1~2)∶1	(1~2)∶1	(1~2)∶1
盐（%）	0.5	0.5	0.5	0.5	0.5

表 5-14　中国水貂营养标准（每只每日量）

时间	能量（千焦）	蛋白质（克）	脂肪（克）	糖类（克）	维生素 A（国际单位）	维生素 D（国际单位）	维生素 E（毫克）	硫胺素（毫克）	核黄素（毫克）
12 月至翌年 2 月	1 046~920	23~30	8~10	12~15	800	200	5	0.5	0.3
3 月	837~1 046	25~30	8~10	12	1 000	200	5	0.5	0.3
4 月	962~1 088	25~30	8~10	12	1 000	400	5	1.0	0.5
5~6 月	1 172	35	12~15	10~12	1 000	400	10	1.0	0.5
7~8 月	837~1 088	22~30	8~10	12~15	500	400	10	0.5	0.3
9~11 月	1 088~1 255	28~35	12~15	15~18	800	200	5	0.5	0.3

表 5-15　丹麦水貂饲养标准

时间	能量（千焦）	蛋白质（克）	脂肪（克）	糖类（克）	维生素 A（国际单位）	维生素 A（国际单位）	硫胺素（国际单位）
1—2 月	796~1 145	24.5~31	6.5~12.3	7.2~7.8	—	—	311~456
3—4 月	803~895	24.8~28.6	6.9~7.4	6.5~6.8	400	80~88	330~343
5—6 月	1 064~2 125	30.2~56.8	7.2~16.9	15.5~29.2	520~940	112~186	449~775
7—8 月	796~1 241	20.1~25.7	7.6~10.5	9.2~11.4	280~2 400	50~480	261~449
9—10 月	998~1 241	24.5~33.5	9.9~12.3	11.3~15.4	2 309~2 880	462~576	407~477
11—12 月	1 141	31.8	9.6	12.8	2 880	576	477

生产中水貂饲料中各原料的推荐用量见表5-16。

表5-16　水貂饲料中各原料的推荐用量

原料	推荐量（%）	日粮营养水平（%）	
谷物饲料	15～30	粗蛋白	25～40
肝脏	0～10	粗脂肪	18～30
优质蛋白质饲料（熟制的蛋、全鸡、全鱼、马肉、兔肉等）	0～30	碳水化合物	20～50
牛副产品（牛肚、肺、舌、乳房、脾）	10～30	灰分	6～12
禽副产品（头、肠、爪）	10～70		
碎鱼肉	10～50		
脂肪类（动物脂和植物油）	0～6		

第四节　水貂的饲料种类及利用

一、动物性饲料

1. 新鲜鱼类及其加工副产品　鲜鱼的营养成分因其种类、年龄、捕获季节及产地等不同有很大差异。一般鲜鱼中蛋白质含量为13%～18%，脂肪含量为0.7%～13%。鲜鱼干物质中粗蛋白质含量一般为50%左右，且氨基酸平衡，必需氨基酸含量高，鲜鱼的消化率和营养价值高，是水貂饲料的主要原料。鱼类副产品包括新鲜鱼排（如鳕鱼排和鲽鱼排）、鱼头及内脏，其蛋白质含量低于鲜鱼，但一般占干物质的40%～45%，氨基酸组成比较平衡，可与鲜鱼搭配使用。新鲜的海杂鱼适口性好，蛋白质消化率高。多数淡水鱼中含有硫胺素酶，可破坏硫胺素（维生素 B_1），应熟制后饲喂。

2. 肉类　包括各种畜禽的肉类。新鲜，经检疫无病无毒的可直接使用。病死畜禽肉不能作为饲料使用。肉类饲料可占动物性饲料的 20%～30%。此类饲料中一般含水量为75%，蛋白质 10%～20%，脂肪 2%～20%。

3. 畜禽加工副产品　包括畜禽的头、骨架、内脏和血液等，在生产中已被广泛应用。日粮中肉类副产品一般占动物性饲料的 30%～40%。繁殖期不能饲喂含激素的副产品（如含甲状腺、肾上腺等内分泌腺的组织）。这类饲料干物质中粗蛋白质的含量一般为 20%～40%，粗脂肪的含量20%～30%，营养成分变异较大，应用时最好实测。鸡头、鸡脖、鸡架、鸡肝、鸡肠等鸡加工副产品应用较多。有研究表明，水貂在生长早期（5—6 月）和晚期（7—8 月）喜食禽副产品日粮，而不是高鱼日粮。北美水貂场的试验结果表明，水貂喜食家禽内脏尤其是鸭内脏。

4. 乳类和蛋类　是水貂优质蛋白质来源，含有全部的必需氨基酸，而且各种氨基酸平衡，易消化吸收。水貂对鲜乳或乳制品蛋白质消化率可达95%。另外，乳类和蛋类中还含有营养价值很高的脂肪、多种维生素及易吸收的矿物质。

乳类在妊娠期和泌乳期使用，对母貂泌乳及幼貂生长发育有良好的促进作用。但鲜乳中含有较多的乳糖和无机盐，有轻泻的作用，每只水貂每日的喂量一般不超过 40克。鲜乳最好在 70～80 ℃条件下加热 15 分钟后饲喂，酸败变质的乳不能喂貂。鲜乳很容易酸败变质，特别是夏季，放置 4～5 小时就会酸败，因此制成发酵乳应用效果更好。如果用全脂奶粉代替鲜乳，可用开水按 1：（7～8）比例稀释调配。

蛋类包括鲜蛋、照蛋和毛蛋。含有营养价值很高的脂肪、多种维生素和矿物质，具有较高的生物学价值。全蛋蛋壳占 11％，蛋黄占 32％，蛋白占 57％。含水量为 70％左右，蛋白质 13％，脂肪 11％～15％。在水貂配种期补充蛋类，可提高公貂配种能力和精液品质。哺乳期对高产母貂，每日每千克体重供给 20 克蛋类，可提高幼貂的存活率。蛋清中含有一种抗生物素蛋白，能与生物素相结合，形成无生物学活性的复合体抗生物素蛋白。长期饲喂生蛋，生物素的活性就会受到抑制，引进使水貂发生皮肤炎和毛绒脱落等症状。因此，蛋类熟制后营养价值更高。

5. 干动物性饲料 这类饲料蛋白质含量高，一般都在 60％以上，品质良好，生物学价值高。可用于生产水貂干粉饲料、颗粒饲料，也可用于生产鲜配合饲料。

（1）进口鱼粉 由鲜鱼经过干燥粉碎加工而成，蛋白质含量 65％左右，氨基酸平衡，必需氨基酸含量高；脂肪含量为 10％～12％；富含 B 族维生素，尤其是核黄素、维生素 B_{12} 含量高。对水貂来说，营养价值较高。质量好的鱼粉饲喂量可以占到动物性饲料的 20％～25％。

（2）肉骨粉 是以不宜食用的家畜躯体、骨、内脏等作为原料，熬油后干燥所得产品。粗蛋白质含量为 50％～60％，赖氨酸、B 族维生素、脂肪含量高。在鲜鱼和肉类产品缺乏时，肉骨粉可以作为水貂饲料原料。建议饲喂量为日粮干物质的 20％以下。

（3）血粉 是以动物血液为原料，脱水干燥而成。粗蛋白质含量为 80％～85％，但氨基酸组成不平衡，赖氨酸、亮氨酸、组氨酸含量较多，而蛋氨酸、异亮氨酸、胱氨酸含量低；血粉有利于水貂毛绒和幼貂的生长，但血粉中的蛋白质主要为纤维蛋白，水貂的消化利用率较低。因此，用量不宜过多，一般占动物性饲料的 $10\%\sim15\%$。

（4）羽毛粉　由禽类的羽毛经过高温、高压和焦化处理后粉碎制成。粗蛋白质含量为 $80\%\sim85\%$，含有丰富的胱氨酸、谷氨酸和丝氨酸，在春秋换毛季节饲喂羽毛粉有利于水貂毛绒生长，并可以预防水貂的自咬症和食毛症。但蛋氨酸和赖氨酸含量较低，营养不均衡，含有大量的角质蛋白，不利于水貂的消化吸收，而且适口性较差，需要与其他动物性饲料配合使用。水解羽毛粉经高温高压水解处理，打破羽毛粉结构中的双硫键（-S-S-）和硫氢键，使羽毛中蛋白局部水解，可提高羽毛粉的蛋白质利用率，改善羽毛粉的适口性。建议冬毛期羽毛粉添加量为 5% 以下。

二、植物性饲料

植物性饲料主要为水貂提供碳水化合物和能量，主要包括谷物、油料作物和各类果蔬类等。由于水貂肠道内淀粉酶的活性低，难以消化利用植物性饲料中的淀粉，所以必须对植物性饲料进行适当的加工处理，使淀粉变性，有利于水貂的消化吸收。

1. 膨化玉米　玉米的可利用能量高，主要是淀粉（72%）和脂肪含量高（4%），且含有较多的亚油酸，蛋白质含量一般仅为 8% 左右。水貂对玉米淀粉的利用率较低，必须对玉米进行膨化处理，使淀粉糊化。膨化玉米是指玉米经过水分、热、机械剪切、摩擦、揉搓及压力差综合作用下的淀粉糊化过程。膨化玉米色泽淡黄，粉细蓬松，具有爆米花香，易溶于水；膨化玉米有熟化度和膨化度两个方面的要求，分别用淀粉糊化度和物料容重来衡量。适合于饲喂水貂的膨化玉米为中膨化度产品，容重 0.3～0.5 千克/升，水分 8%～10%，淀粉糊化度 90% 以上。

2. 膨化小麦　膨化小麦有效能值低于玉米；粗蛋白含量可达 13%，但赖氨酸、含硫氨基酸的含量较低。膨化小麦外观呈茶褐色，淡咖啡色，粉细疏松，麦香浓郁，滑润可口。小麦膨化过程包括熟化、灭酶、灭菌等，可使蛋白质、碳水化合物等大分子物质被降解，同时有效破坏阿拉伯木聚糖等抗营养因子的活力。

3. 膨化（全脂）大豆　大豆蛋白质含量 38%，脂肪含量 17%～19%。但生大豆中含有抗胰蛋白酶、脲酶、抗原蛋白等抗营养因子，不能生喂，必须经熟化才能消除其中的抗营养因子，提高消化率。膨化大豆水分含量 12% 以下，蛋白质含量 35% 以上，脂肪含量 16% 以上，抗营养因子含量极低，是一种能量和蛋白质相对平衡的饲料原料。

三、矿物质饲料

1. 钙磷添加剂　在水貂饲养中常用的钙磷添加剂有骨粉、蛎粉、蛋壳粉、骨灰、白垩粉、石灰石粉、蚌壳粉、三钙磷酸盐等。幼貂钙的需要量占日粮干物质的 0.5%～0.6%，磷占 0.4%～0.5%。日粮中钙、磷的含量一般能满足需要，但钙与磷的比例往往不当，特别是以去骨的肉类、肉类副产品、鱼类饲料为主的日粮，磷的含量比钙高。为使钙、磷达到适当的比例，应在上述肉类副产品中按每千克体重添加骨粉 2～4 克，鱼类饲料中每千克体重添加蛎粉、白垩粉或蛋壳粉 1～2 克。

2. 钠、氯添加剂 食盐主要补充钠和氯，纯净的食盐含氯 60%、钠 39%。单纯地依靠饲料中含有的钠和氯，不能满足水貂需要。因此，要以小剂量（每千克体重每天 0.5～1 克）不断补给，才能维持正常的代谢。但在水貂饲养中经常出现由于过量添加或饲料原料中含有食盐过多而引起的食盐中毒现象。比如，成年水貂每千克体重添加食盐 1.2～1.5 克，每日供水 3 次，水貂饮水量有所上升，没有发生其他异常现象；若每千克体重添加食盐 3 克，每日供水 1 次，则出现明显的中毒现象。

3. 铁添加剂 在水貂饲养中，大量利用生鳕、明太鱼时，会造成铁的吸收障碍，引发贫血症。因此，常采用硫酸亚铁、乳酸盐、枸橼酸铁等添加剂来补铁。幼貂生长期和母貂妊娠期对铁的需要量增加，为了防止贫血症和灰白色绒毛的出现，每周可投喂硫酸亚铁 2～3 次，每次喂量每千克体重 5～7 毫克。补喂的方法是先把铁添加剂溶解在水中，喂食前混入日粮中，搅拌均匀。

4. 铜添加剂 水貂日粮中缺铜时，也能发生贫血症。但水貂对铜的需要量，目前研究得还很不够。美国和芬兰等国家，在配合饲料或混合谷物中铜的含量为 0.003%；日本毛皮动物的矿物质添加剂中含铜 1%。

5. 钴添加剂 钴在水貂的繁殖过程中起一定作用。当日粮中缺乏钴时，水貂繁殖力会下降。通常以氯化钴和硝酸钴的形式添加钴。

四、微生物饲料

1. 饲料酵母 饲料酵母泛指以糖蜜、味精、酒精、造纸等的废液为培养基生产的酵母。外观多呈淡褐色，蛋白质含量 40%～60%，富含 B 族维生素。

2. 发酵饲料 发酵饲料指在人工控制条件下，利用有益微生物自身的代谢活动，将植物性、动物性和矿物性物质中的抗营养因子分解，生产出更易被动物采食、消化、吸收并且无毒害作用的饲料。水貂饲料中添加一定量的发酵饲料可提高粗脂肪的消化率，减少氮的排放。

五、添加剂饲料

添加剂饲料主要包括维生素类、微量元素类、氨基酸类、抗生素类、微生态制剂、酶制剂、寡糖类、酸化剂和抗氧化剂等。主要作用是补充饲料中缺乏的维生素、微量元素和氨基酸，平衡营养，提高饲料养分利用率；防治水貂疾病，提高抗病力，保障水貂健康，促进生长性能，生产优质毛皮；改善饲料品质，有利于饲料贮存。

第五节　水貂饲料的加工调制

水貂饲料的加工与调制，对饲料的营养价值、适口性及水貂的生产性能影响很大。饲料一旦出现问题，将直接危害貂群的健康，给生产带来严重的经济损失。水貂饲料种类很多，利用方式和加工方法也有所不同，但总的目的是，通过饲料加工有利于提高日粮的品质和营养，促进水貂的消化、吸收，确保水貂的健康。水貂可以采食颗粒饲料，但生产中水貂仍以鲜饲料为主，鲜饲料的含水量高，在夏季容易腐败变质，因此水貂饲料的加工环节一定要慎重。饲料加工调制方法包括物理、化学和生物学处理。不同的饲料原料所采用的调制方法各不相同。

一、鲜动物性饲料的加工调制

动物性饲料一般要经过切碎或绞碎后直接生喂，因此保证饲料原料的新鲜至关重要。破冰、绞肉、搅拌、传送等专门的水貂饲料加工调制设施与设备（图 5-3）的出现，打破了原有饲料加工过程中一些陈旧的方法和理念，如冷冻饲料原料要提前解冻等。目前，水貂饲料加工厂在饲料加工调制中，冷冻饲料利用破冰机破冰直接低温加工，避免了解冻过程中微生物在饲料中的滋生。调制好的饲料应尽快饲喂水貂，不宜在饲料室久放。

图 5-3 冷冻饲料破冰、传送和绞碎一体化设备

二、植物性饲料的加工调制

谷物饲料使用前要将其粉碎成粉状，去掉粗糙的皮壳。最好数种谷物搭配使用（目前多用玉米面、大豆面、小麦面按 2 : 1 : 1 混合），传统上将混合的谷物饲料制成窝头。现在多对植物性饲料进行膨化处理，膨化设备见图 5-4。

图 5-4 饲料膨化设备

膨化是将物料加湿、加压、加温调质处理，并挤出模孔或突然喷出压力容器，使之因骤然降压而实现体积膨大的工艺操作。按其工作原理的不同，膨化分为挤压膨化和气体热压膨化两种。膨化过程中的热、湿、压力和各种机械作用，能够提高饲料中淀粉的糊化度，破坏和软化纤维结构的细胞壁部分，使蛋白质变性、脂肪稳定，利于消化吸收，提高饲料的消化率和利用率。同时，脂肪从颗粒内部渗透至表面，使饲料具有特殊的香味，有利于增加动物的食欲；膨化腔的高温、高压处理，可杀死饲料原料中多种有害病菌，使饲料满足有关卫生要求，从而有效预防消化道疾病。膨化颗粒饲料含水量低，可以较长时间贮藏而不会霉烂变质。

对植物性饲料也可以进行发酵处理。发酵可以改变原料特性并提高饲料利用效率，如酵母菌等微生物能分解蛋白质，把蛋白质变成更容易被动物吸收的小分子肽类，能够产生有机酸和 B 族维生素等促生长因子；发酵饲料可以改善饲料适口性、补充益生菌，抑制肠道中有害菌群的生长发育，预防肠道疾病、防止腹泻；发酵饲料还有发酵脱毒的作用，分解或转化抗营养因子；发酵还可以降低饲料粗纤维的含量。

三、乳制品和蛋类的加工调制

乳制品即便经过消毒再添加至饲料中仍容易变质，最好制成酸奶加在饲料中。蛋类（鸡蛋、鸭蛋、毛蛋、石蛋等）均需熟喂，这样除了能防止生物素被破坏，还可以抑制副伤寒菌类的传播。

四、饲料加工的注意事项

水貂对饲料的选择、配比、加工和饲喂要求严格。在饲料加工调制过程中，要严格遵守执行饲料单规定的饲料品种和数量，不能随便改动；饲料要新鲜且富有营养；饲料要搅拌均匀，必须按时调制饲料，不得随便提前调制，且调制的速度要快，以免由于时间过长而引起营养物质的破坏或失效；淡水鱼有寄生虫，应熟制后饲喂；饲料加工要注意硬软适度。严禁温差（冷热）大的饲料相互混合，在温度接近时再一起搅拌。调制过程中，要注意水的添加量，保证稠稀适当。大多数貂场会将饲料直接放在貂笼上供水貂自由采食，饲料过稀很容易从笼网上落在地上造成浪费。饲料调制完毕后，机械、用具要进行彻底洗刷，定期进行消毒。

第六章
水貂的饲养管理关键技术

第一节　水貂不同生理时期的划分

一、饲养管理的重要性

人工饲养水貂，是为了获得数量多、质量好的毛皮。为了实现这一目的，必须根据水貂的生活习性、生理需要和遗传特性，为水貂的生长发育与繁殖提供适宜的环境条件和饲养管理条件；并在此基础上，运用遗传学理论，不断培育出人类所需要的新的优良水貂类型。在生产中，如果营养水平不当，会造成水貂毛绒品质变差；光照不合理，会导致水貂不发情。因此，在水貂的生产实践中，应根据水貂消化、繁殖和换毛等生理特点，以及对营养物质的需要情况，考虑不同饲养时期饲料品种的组成及搭配比例，及时调整饲料品种及饲料量，对不同性别、年龄、生理时期的水貂进行科学管理。

二、水貂不同生理时期的划分

水貂生理时期与日照周期关系密切，依照日照周期变化而变化。水貂年生产周期始于秋分，秋分至冬至是日照时间的渐短期，冬至的白昼时间最短。冬至后白昼时间逐渐增加，但至春分前白昼均短于黑夜，故秋分至春分这半年时间称为短日照阶段。水貂在短日照阶段的主要生理变化是脱夏毛换冬毛，冬毛生长和成熟，性器官生长发育至成熟并发情和交配。这些生理功能均需短日照制约，被称为短日照生理效应。春分过后日照时间逐渐转为白昼长于黑夜，直至秋分为止，故这半年时间被称为长日照阶段。水貂在此阶段的主要生理功能是脱冬毛换夏毛，母貂妊娠和产仔哺乳，仔貂分窝、幼貂生长和种貂恢复，被称为长日照效应。

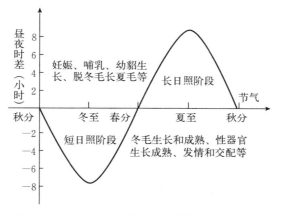

图 6-1　水貂生产时期与日照周期的密切关系

从秋分开始为准备配种前期。这一时期经历 3 个月，其光周期的变化规律是白昼逐渐缩短，黑夜逐渐延长。冬至以后至翌年 2 月，为准备配种后期。3 月初，当日照达到 11 小时以上，水貂发情求偶，进入配种期。约经半个月时间，配种结束，公貂进入恢复期，母貂进入妊娠期。4 月底至 5 月初，母貂产仔，同时泌乳哺育仔貂，经 40～50 天，仔貂就可以分窝，进入育成期，母貂进入恢复期。9 月下旬，即秋分以后，幼年貂和成年貂生殖器官逐渐发育，夏毛脱落，冬毛长出，进入了第二年的繁殖周期。水貂生产时期的具体划分见表 6-1。

表 6-1　水貂生理时期的划分

性别	准备配种期	配种期	妊娠期	产仔哺乳期	幼年育成期		种貂恢复期
					生长期	冬毛期	
公貂	9月下旬至翌年2月下旬	2月下旬至3月中旬	—		6月上旬至9月中旬	9月下旬至12月下旬	3月下旬至9月下旬
母貂	9月下旬至翌年2月下旬	2月下旬至3月中旬	2月下旬至5月上旬	4月中旬至6月上旬	6月上旬至9月中旬	9月下旬至12月下旬	6月上至9月下旬

水貂年生产周期中各生产时期的划分是针对全群而言，对于个体会存在参差不齐和互相交错的情况，如先配种的水貂已进入妊娠期或产仔哺乳期，而后配种的水貂可能仍处于配种期或妊娠期。本时期划分考虑了群体大多数水貂所处的生理时期，因此对全群的饲养管理有利。

水貂各生理时期划分不是独立的，前后时期有互相依赖的关系。全年各生理时期均重要，前一时期的管理失利，会对后一时期带来不利影响。任何一个时期的管理失误，都会给全年生产带来不可逆转的损失。但相对而言，繁殖期即准备配种期至产仔哺乳期更为重要，其中尤以妊娠期更为重要，是全年生产周期中最重要的管理阶段。

水貂的准备配种期，是指 9 月下旬至翌年 2 月，历时 5 个月。准备配种期，又可分为准备配种前期、中期和后期 3 个阶段。9—10 月为准备配种前期，11—12 月为准备配种中期，翌年 1—2 月为准备配种后期。准备配种期的主要任务是做好选种工作，促进种水貂冬毛迅速成熟和性器官发育，调整公母貂都具有中等肥度的健壮体况，为繁殖奠定良好的基础。性器官生长发育需较长时间，冬至后正是其迅速发育阶段，如果不重视准备配种期的饲养，临近配种期时才突击补喂，则不能弥补前期的营养不足。

一、准备配种期的饲养

1. 准备配种前期的饲养　此期全群水貂的特点是性腺已开始发育，都要脱夏毛长冬毛。不同水貂的具体状况不同，饲养管理的主要任务也略有不同。成年公貂体力已恢复较长时期，可维持正常饲粮，保持繁殖体况。成年母貂经妊娠、产仔、哺乳，体力消耗较大，又经过夏季的食欲不振，这个时期的主要任务是增加营养，提高膘情，为越冬做好身体储备。当年幼龄貂仍处于继续生长发育阶段，这个阶段的主要任务除了要满足水貂换毛的营养需要，还要满足生长需要。这个时期，貂群的营养需要很高，特别是对蛋白质的需要量更高，要保证日粮中有充足的可消化蛋白质（每日每只貂供给 30～35 克），且日粮中应富含蛋氨酸、胱氨酸和精氨酸。日粮中可消化脂肪每日每只貂最低达 10 克以上，最高不超过 20 克。

2. 准备配种中期的饲养　此期水貂性腺明显发育，幼貂的生长基本完成，换毛于 12 月上旬完成并可取皮（埋植褪黑激素的水貂提前 1 个月取皮或埋植褪黑激素后 80～100 天取皮）。准备配种中期的饲养主要是维持营养，调整膘情，但必须参考当地、当时的气候条件。在我国冬季十分严寒的北方，应当适当调整膘情，主要是防止过瘦，以保证越冬储备和代谢消耗的需要；而在冬季不太寒冷的地区，应保证体况适中，主要是防止出现过肥和过瘦的两极体况。可消化粗蛋白每日每只不能低于 20 克，一般在 25 克左右。最好增加少量的脂肪，并在日粮中添加鱼肝油和维生素 E。切不可只顾当年取皮工作，而忽视和放松对种貂的饲养管理，对下年的生产产生不良影响。

3. 准备配种后期的饲养　准备配种后期水貂性腺发育迅速，生殖细胞全面发育成熟。1 月公貂附睾内已有精子贮存，母貂已有发情表现。这个时期主要是调整营养，平衡体况，促进生殖器官的迅速发育和性细胞的形成。在冬季十分严寒的北方，虽然前段尽力维持营养和膘情，但因饲料冻结，影响水貂采食，仍然难免有不少个体膘情下降，故仍应调整体况，使其适中或略偏上。因此，在日粮标准的掌握上，虽然数量不需要增加，但质量需适当提高。在不太严寒的地区，此期水貂体况易于上升，体重增加，应防止过肥现象。此时需要能量标准可适当降低，但营养价值亦应提高。这是因为 1—2 月是水貂生殖器官和生殖细胞（精子、卵子）全面发育、成熟的阶段，需要全价的蛋白质和多种维生素。在公貂日粮中，应当增加蛋、肝等营养价值高、对精细胞发育有促进作用的饲料。这时期每只每天还应供给鱼肝油 1 克（含维生素 A 1 500 国际单位）、酵母 4～6 克、麦芽 10～15 克。也可在日粮中添加维生素和微量元素添加剂。

因为准备配种期大部分时间处于寒冷季节，为防止饲料冻结，便于水貂采食，一般日喂 2 次，早饲 40％左右，晚饲 60％左右。饲料要加工浓稠一些。

二、准备配种期的管理

准备配种期的饲养管理工作主要是调整种貂体况，做好配种前的一切准备。

（一）体况鉴定

种貂的体况与繁殖性能密切相关，过肥或过瘦都严重影响水貂的发情排卵和妊娠。水貂体况的调整最好在 8 月末至 9 月初初选分群后就开始进行，使其到翌年繁殖期前一直保持良好体况。但在实践中，水貂在 11 月取皮后，一般都很胖，所以留种的种貂应该在 2 月底之前调整至理想体况，体况评分见表 6 - 2。公貂体况应该达到中等略偏上水平，母貂应该达到中等略偏下水平。目前水貂体况的鉴定方法有目测法、称重法、体重指数法和目测触摸结合评分法。

1. 目测法 在光线良好的条件下，观测者站在水貂饲养棚外侧笼网旁，用物品逗引水貂在笼中靠近网壁处站立，使其两后肢呈自然分开状态后进行观察。根据水貂的整体形态、腹部和腹股沟等部位特征及行为特点，将水貂分为肥胖型、适中型和瘦弱型 3 种体况。水貂躯体圆胖丰满，腹围大

表 6-2　水貂体况 5 分制评分方法

体况评分	描　述
1 分（非常瘦）	水貂体质瘦弱，肌肉减少 脖子细，身体呈明显的 V 形 没有体脂，腹部凹陷 能看到肩骨和臀骨，并且容易触觉到肋骨
2 分（瘦）	水貂脖子细，腰呈 V 形 没有皮下体脂层 能容易地触摸到肩骨臀骨及肋骨
3 分（理想）	水貂脖子细长，身体直 皮下有一定量的体脂 能容易地触摸到肩骨、臀骨及肋骨
4 分（稍胖）	水貂脖子粗，身体呈梨形 不容易触摸到肋骨 肩骨和臀骨覆盖着中等厚度的脂肪层 腹部有脂肪垫
5 分（过胖）	水貂脖子粗，胸部稍粗，身形滚圆 肋骨非常难触摸到 肩骨和臀骨被覆着一层中到厚度的脂肪 腹部和尾部有脂肪垫 四肢和面部可见脂肪沉积

于臀围，后腹部凸出，脂肪堆积明显，并向腹股沟部位下垂，行动笨拙，反应迟钝为体况肥胖。水貂躯体前后匀称清秀，运动灵活自然，腹围与臀围平齐或略小于臀围，后腹部平展或略丰满，但不至于向腹股沟部下垂，或腹部略显有沟

但不严重为体况适中。水貂躯体瘦细，脊背隆起，弓腰肋骨明显，腹围明显小于臀围，后腹部收缩，腹股沟部明显凹陷成沟形，活动时多做跳跃式运动为体况瘦弱。

目测法评估水貂体况方便快捷，应该成为每天饲养管理工作的一部分；随时监测水貂的体况，出现问题可以及时解决和处理，在准备配种后期该方法尤为适用。

2. 称重法 最好在 11 月下旬精选时开始进行。每个色型至少称量 25 只有代表性的母貂进行抽样检查。从 12 月至翌年 2 月，每半月称重一次。一般中等体况公貂，体重应为 1 800～2 200 克，全群平均在 2 000 克左右。母貂应为 800～1 000 克，平均在 850 克左右。公、母貂体重分别超过 2 200 克和 1 100 克，即过肥；如果公母貂分别不足 1 700 克和 700 克，即过瘦。由于不同品系或色型的水貂体型大小不同，体重不能绝对反映出体况，采用体重与体长相结合的体重指数法评估更为准确。

3. 体重指数法 用水貂单位体长的重量（体重指数）来评估体况体，体重指数＝体重（克）/体长（厘米）。将水貂捕捉、保定在测量平台上，使其身躯自然伸展，鼻端和尾根部间的距离（单位为厘米）即体长；再称量活体重（单位为克），计算体重指数。母貂临近配种之前的体重指数在 24～26 克/厘米时，繁殖力最高。

4. 目测与触摸结合评分法 先进行目测，然后捕捉水貂，用手指尖触摸或手压肩、肋骨和脊椎等部位，按照表 6-2 的方法进行评分。但随着配种季节的临近，尽量不采用触摸方法评估母貂体况，以免应激造成不良影响。体况检测后要记录每只水貂的体况情况，对有问题的水貂进行标识，以便进一步监测和管理。

（二）调整体况

进行体况鉴定后，根据水貂的体况和气候条件调整日粮配方和日粮饲喂量，配合其他管理措施以调整到中等体况。

对于需要减肥的种貂，可通过增加运动消耗体脂；调整日粮，降低能量水平；对明显过肥的水貂，可适当减少饲喂量。因为大部分公母水貂在打皮时体内储存约 30％的脂肪，所以根据调整前的水貂体况，母貂从 11 月到 2 月减肥15％～20％，最高减肥 25％，或者使母貂平均体重调整到900～1 000 克目标体重。

增肥的方法主要是适当增加日粮中优质动物脂肪的比例和饲料总量，也可单独补饲。同时给足垫草，加强保温，减少能量消耗。对于因病消瘦的水貂，必须从治疗入手，进行增肥。个别种貂不论怎样调控体况，始终过肥或过瘦，将影响繁殖和哺乳的成功率，应该将这样的种貂淘汰出种貂群。

要特别强调，准备配种期不能忽视种公貂的体况调整。因为水貂精子在 12 月至翌年 2 月形成，肥胖的公貂不育率较高，并且肥胖公貂比中等体重的公貂配种能力低。公貂太过剧烈的减肥对精子的生成也有不良影响，导致繁殖率降低。所以要通过适当的饲养管理措施，使种公貂到配种季节开始前一直保持理想体况。

（三）防寒保暖

在实践中，密闭的貂舍、有充足垫草的小箱、防风罩或产仔衬里能够在某种程度上抵御准备配种期间的低温气候。国外试验表明，防风罩能减少约 10％的饲料消耗，温度每降低1℃，每只水貂每天额外需要 2 克饲料。若气候寒冷，水貂将长得过瘦。经验表明，笼内填满垫草有助于建造庇护所和温暖的环境。飘进小室的雪，应该在融化和弄湿垫草前清理掉，湿垫草要及时更换。

（四）催情补饲

催情补饲指体况调整到理想状态的母貂到配种季节前 2 周，每天只给提供维持需要量的 80%，到配种前 3～5 天开始将日粮量增加到维持量的 150%。国外许多试验表明，这种催情补饲能够增加排卵数量，平均每窝可多产 1 只仔貂，而且以青年母貂催情补饲效果最好。催情补饲对公貂没有效果，因为精子在 12 月至翌年 2 月形成，所以公貂不像母貂那样需要减肥，而且减肥对精子的生成有不良影响。从实践和理论观点两方面来看，中等体重的公貂是首选，在准备配种期应该给予种公貂和种母貂同样的优质日粮。

（五）睾丸检查

检查每只公貂的睾丸发育状况。对于窝产仔数来说，睾丸大小是不重要的，但是隐睾公貂（阴囊内没有睾丸或仅有 1 个睾丸下降到阴囊内）和睾丸发育不正常的公貂不孕率较高，应予以淘汰。检查时间越晚，睾丸状况与不孕率相关性越高。最好在 11—12 月精选定群时就发现无睾或睾丸发育不正常公貂，以适时取皮。实践中，一般在 12 月至翌年 1 月进行睾丸检测评估。但是，种公貂是否有不育症问题的最可靠检查时间是配种即将开始时。检查时，要触摸附睾是否是软和充盈的。正常情况下，大约有 5% 的公貂睾丸存在发育问题，必须淘汰，所以在留种时，应该额外多选择5%～10%的种公貂。

(六) 加强异性刺激

水貂达到性成熟后，通过公母接触的异性刺激，能提高中枢神经兴奋性，增强性欲，明显提高公貂利用率。有关试验已经表明，母貂与公貂隔离放置，母貂的卵泡发育得既小又少。所以要根据配种计划，将种公貂笼穿插放置在将要配种的5～8只母貂笼舍之间，既可加强种公貂和种母貂间的异性刺激，又便于配种工作的顺利进行。也有人从配种前10天开始，每天把发情好的母貂用串笼送入公貂笼内，或者手提母貂在笼外逗引，即通过视觉、听觉、嗅觉等刺激促进发情。但是异性刺激不能过早开始，以免过早降低公貂食欲和体质。

(七) 光照管理

由于水貂生殖系统发育成熟和交配依赖于短日照的周期变化过程，即从上年昼夜相平的秋分开始，逐步走向日照的最低点冬至，然后，再慢慢地回升到翌年昼夜相平的春分，当日照达到11小时30分钟时才开始配种，达到12小时以后配种陆续结束。因此，在管理上可以对公貂进行控光，以提高种公貂的配种能力。

配种前30～40天有计划地对公貂进行增光，保证每日11小时30分钟的日照时间。经过光照，水貂性欲高、配种能力强、精液品质好。特别是美国短毛黑公貂，效果较明显。公貂利用率达到98%，配种次数最低9次，最高控制在17次。

（八）做好配种的准备工作

根据选配原则，做出选配方案和近亲系谱备查表，大型的养殖场应做出配种方案；准备好配种登记表（存档用）和配种标签（临时贴在小室上用）；准备好各种工具物品，如捉貂手套、捕貂笼（箱）、显微镜、记录本等。

第三节　配种期的饲养管理

从配种开始到结束的这一段时期，称配种期。水貂是季节性发情动物，每年只繁殖1次，其发情配种时间为每年的2—3月。正确掌握水貂的发情表现，不仅可以顺利达成交配，确保配种工作的顺利进行，而且能提高受胎率，增加经济效益。配种期饲养管理的工作任务是准确进行母貂发情鉴定，确保发情母貂适时受配，提高种公貂交配率、精液品质和母貂受胎率。

一、配种期水貂的生理特点

配种期的水貂，最突出的生理表现是发情，并由此产生求偶与交配行为。临近配种期，公貂的睾丸已完全发育成熟，可达 2.0～2.5 克，形成成熟的精子并分泌雄性激素，出现性欲。在配种期里，公貂一直处于发情状态，具有旺盛的配种能力。交配时精子被射入母貂生殖道内，精子具有受精能力的时间多是交配后 48 小时以内。

到了配种期，母貂的卵巢发育成熟，平均达 0.65 克，卵巢的生殖上皮产生卵原细胞，经多次分裂后产生卵母细胞。每一个卵母细胞被一层卵泡细胞包围起来，形成原卵泡，并逐渐增大向卵巢表面突出，发育成成熟卵泡。

在交配或爬胯等刺激下，经 36～42 小时，成熟卵泡中的卵细胞从卵巢表面排出，经 12 小时左右失去受精能力。第一批卵细胞排出后，下一批成熟的卵泡又相继在卵巢表面出现。卵泡在产生、发育与成熟的过程中产生雌激素，引起母貂发情。由于卵泡的成熟是分批分阶段的，所以，母貂的发情表现多是周期性的。一般情况下，母貂在配种季节可以出现 2～4 个发情周期。一个发情周期通常是 6～9 天，其中发情持续期是 1～3 天，间情期是 5～6 天。配种期的母貂生殖道黏膜增生、充血、腺体分泌增加，外阴肿胀并有黏液性分泌物。生产实践中以母貂外生殖器官的变化作为发情鉴定的依据。

二、发情鉴定

(一)公貂发情鉴定

这个时期公貂性行为活动剧烈，食欲、体重下降非常明显。该时期的日粮应该保证营养丰富，适口性强，容易被消化吸收。既要控制每日种貂进食的体积，又要满足水貂的营养需要，使得公貂配种时动作灵活，提高交配率和受胎率。

种公貂发情与睾丸发育状况直接相关，通过检查睾丸发育，可预测其配种期发情情况。种公貂在 12 月时睾丸比静止期大 1 倍以上，取皮期就应进行检查，以便淘汰睾丸发育不良的公貂。公貂两侧睾丸发育正常，互相游离，下降到阴囊中，配种期来临前均能正常发情。

种公貂在配种前，对母貂的异性刺激有性兴奋行为，公
貂会发出"咕咕"的求偶叫声，这是正常发情和有性欲的表
现。公貂见到母貂时叫声更甚，表现急躁不安，常徘徊于貂
笼内，且食欲下降。

（二）母貂发情鉴定

采取行为观察、外生殖器官目测检查、阴道分泌物镜检
和放对试情相结合的方法准确进行母水貂发情鉴定。以目测
外生殖器官变化为主，以阴道细胞图像检测为辅，以放对试
情为准，准确把握种母水貂的交配适机。

1. 行为变化　母貂发情时，在公貂求偶叫声的刺激
下也会发出低微的"咕咕"叫声，出入小室频繁，有的
徘徊于貂笼内，有的攀立于貂笼的铁丝网上观望四周，
有的卧于笼底，时而舔舐外阴部，排尿频繁，尿液呈
绿色。

2. 外生殖器官变化　对水貂逐一检查发情情况，方法
是用右手抓住其尾巴，使其头朝下，左手轻按住腹部使其
后背贴近自己的腹部，这样水貂被固定不会乱动，便于观
察外阴道口的发情变化。母貂外生殖器官的形态变化见
表6-3。第一次发情鉴定应在2月下旬开始。每只母貂都
要进行鉴定，鉴定后在小室上和记录本上记录检查日期和
结果。以后每隔2～3日进行1次。变化显著的更要注意
每天检查；变化缓慢的可间隔几天后再检查。外观有发情
行为表现而外阴一直没有变化的母貂，可能是隐性发情，
应进行试情。

表 6-3　外生殖器官发情鉴定

期	生理变化		形态表现				备注
	卵泡	雌激素	阴毛	阴门	分泌物	色泽	
发情前期	正在发育	开始分泌,逐渐增多	逐渐分开	逐渐肿胀	湿润	白色	拒配或交配,但不排卵
发情期	发育成熟,排卵	分泌旺盛	完全分开	强烈肿胀,外翻	湿润,有黏液	多数呈白色或粉白色	易交配并排卵
发情后期	排出或大部老化死亡	减少消失	逐渐合拢	肿胀逐渐消失	由湿润变干燥	黄白色	难配但有时可受配
休情期	不发育	不分泌	毛笔束状	外观不显			

3. 阴道分泌物镜检　用钝头细玻璃棒插入貂阴道内 1~2 厘米,轻轻蘸取阴道分泌物,涂布于洁净的载玻片上;用瑞氏(wright)染色法染色(待涂片干后滴定瑞氏染液一滴于涂片上,待 1~2 分钟后再滴加蒸馏水 1~2 滴,3~5 分钟后见阴道分泌物的涂片表面呈现粉红色为止),将染色后的涂片放到低倍镜下仔细观察。可分为 4 个时期。①休情期:视野中阴道涂片可见多形核为主的白细胞、自体分解的上皮细胞和各种细胞碎屑,偶尔可以见到个别有核的鳞状上皮细胞;②发情前期:视野中大而不规则的有核鳞状上皮细胞数目有所增加,但仍很少,并呈分散状态;③发情期:涂片图像中,大而不规则的有核鳞状上皮细胞数量骤增,并有特征性的聚集;④发情后期:出现白细胞向脱屑块中浸润,主要是多形核白细胞簇集在鳞状上皮细胞附近。同时,复层

鳞状上皮细胞解体，出现分散的大而透明的有核鳞状上皮细胞，并在其周围有中性粒细胞聚集。

镜检阴道分泌物的方法，可作为发情鉴定的辅助措施，主要用来检查隐性发情。

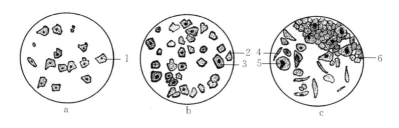

图6-2　阴道涂片

a. 发情前期　b. 发情期　c. 发情后期

1. 角化上皮细胞　2. 无核角化上皮细胞　3. 有核角化上皮细胞

4. 针形体　5. 角形细胞　6. 角化鳞状上皮，成层脱落

（引自中国土产畜产进出口总公司主编，1980）

4. 放对试情　通常把母貂放入公貂笼内交配，称为放对。发情母貂放对时，有求偶表现，进入公貂笼舍后无敌对表现，性情温驯，公、母貂显得特别活跃，彼此发出"咕咕"叫声，较易达成交配。在公貂表现不活跃时，有的母貂还主动去接近公貂。有的虽然害怕和躲避公貂，但不向公貂扑咬。未发情的母貂则呈敌对表现，抗拒公貂爬胯，向公貂头部扑咬，常躲于笼网一角或小室内，发出刺耳的尖叫声。在放对试情时，要选择性情温驯的公貂，时间不宜过长，即使母貂发情不到火候，也能起到异性刺激的作用。若选择性情暴躁的公貂会使母貂受到惊吓，影响以后发情。

初配阶段，通常以外生殖器官变化检查和行为观察为主，确定哪些可以放对，以防止强制性交配或过频捉放母貂。复配阶段，要以放对试情为主，按周期推算进行放对复配，对那些尚未达成初配的母貂，即使生殖器官变化检查和行为观察不够理想，也要及时放对，以鉴定其发情状况，防止错过发情期。

三、配种

(一)配种时间

在满足水貂营养需要的条件下，影响水貂发情的主要因素是光周期的变化。日照 $11.5 \sim 12$ 小时，为水貂发情旺期。日照超过 12 小时，发情陆续结束。在水貂能适应的地理纬度以内，低纬度配种稍早些，高纬度配种稍晚些。这个理论也是生产中对公貂进行增光的依据。

(二)配种方式

配种方式对繁殖也有一定影响。不宜采用一次性配种的方式，但不意味着配种次数越多越好，交配次数以 $1 \sim 2$ 次为宜，最多不超过 3 次。在生产实践中，常用的配种方式有周期复配、连续交配和周期连续复配。

1. 周期复配 又称异期复配，每个发情周期配 1 次。如，2 个周期配 2 次（×-×），3 个周期配 3 次（×-×-×）。配种间隔为 $6 \sim 9$ 天。这种方式适用于发情较早而又不能连续复配的母貂，少数母貂拒绝复配则只配 1 次。

2. 连续复配 又称同期复配，是母貂在一个发情周期中连续 2 天或隔 1 天交配。这种方法适用于发情较晚的母貂。

3. 周期连续复配　　周期复配与连续复配相结合，属于异期复配。包括先周期后连续（×-××）、先连续后周期（××-×）、先周期再连续后周期配 4 次（×-××-×）。

不同的配种方式应根据配种阶段的具体任务灵活运用，结合进行（不同交配方式对繁殖力的影响，表 6-4）。对于水貂集中发情的养殖场可以采用连续复配的方式，对于初配后不接受连续交配且交配结果不确定的水貂可以单独标记出来，进行周期复配。对于发情不集中的养殖场，发情的母貂初配后不必急于复配，应采取周期复配的方式。无论采取哪一种配种方式，都要确保母貂在发情旺期结束配种，因此，准确地进行发情鉴定是保证配种顺利进行的关键。母貂的受配率应不低于 95%。

表 6-4　不同交配方式对繁殖力的影响

项目	一次交配	二次交配		三次交配	
	1	1+1	1+7	1+7+1	1+1+（7~10）
母貂数（只）	3 360	2 731	2 563	1 530	284
胎平均产仔（只）	4.64	4.94	5.91	5.98	4.60
空怀率（%）	32.20	18.70	15.50	10.50	14.80
群平均产仔（只）	3.14	4.01	4.24	4.55	3.92

注："1+1"代表连续 2 天交配；"1+7"代表第 1 天和第 8 天即间隔 7 天再交配一次；"1+7+1"代表第 1 天交配后，第 1 天和第 8 天即间隔 7 天交配一次，之后第 9 天再交配一次；"1+1+（7~10）"代表连续 2 天交配后，间隔 7~10 天再交配一次。

（三）种公貂的训练和利用

水貂具有的强制性交配特点，决定了种公貂在配种工作中的重要作用。因此，提高种公貂的交配率，是完成配种任务的有力保证。

1. 训练种公貂早期参加交配　公貂利用率直接影响配种进度和繁殖效果。在正常情况下，公貂利用率应达到90％以上。如果低于60％，当年配种工作将受到影响。训练种公貂参加交配，是初配阶段的主要任务。

种公貂（尤其是小公貂）第一次交配比较困难，但一经交配成功，就能顺利地与其他母貂交配。训练当年小公貂配种，必须选择发情好、性情温驯的母貂与其交配；发情不好或没有把握的母貂，不能用来训练小公貂。训练过程中，要注意爱护公貂，防止粗暴地恐吓和扑打，注意不要被咬伤；否则，种公貂一旦丧失性欲，将很难再利用。训练公貂是一项耐心细致的工作，必须善于观察分析，持之以恒。往往在配种期里，后期才开始参加交配的公貂，恰恰能起到突击配种或收尾作用。在训练过程中，应尽量让种公貂在笼网上交配，以便于观察和看管。个别公貂一定要在小室内交配时，要注意小室内垫草不要太多，以免损伤公貂的阴茎。

2. 种公貂的合理利用　种公貂的配种能力个体间差异很大，一般公貂在一个配种期可交配10～15次，多者高达20余次。为了保持种公貂在整个配种期都有旺盛的性欲，应有计划地控制使用。在原则上，初配期每天每只公貂只配1次，连续配3～4天休息1天；复配期1天可配2次，但2次间隔3～4小时，连续2天交配3～4次者休息1天。对配种能力强的成年公貂，配种初期应控制使用次数。体况较肥的公貂，一般发情晚，初期交配能力弱，但经耐心培训后，到后期交配能力强，可发挥其配种潜力。

3. 提高放对效率　主要是掌握每只公貂的配种特点，合理制订放对计划。性欲旺盛和性情急躁的公貂应优先放对，每天放给公貂的第1只母貂要尽量合理。公貂的性欲与气温有很大关系，气温增高会引起公貂性欲降低。因此，配种开始时应把公貂放到棚舍的阴面，放对尽量安排在凉爽的时间进行。下雪或气温突然下降的有风天气，公貂性欲旺盛，如果是配种旺期，则应抓紧有利时机，争取多配。

（四）精液品质检测

用清洁的小吸管或钝头细玻璃棒插入刚交配完的母貂阴道内，吸（沾）取少量精液，涂于载玻片上，置 $100\sim400$ 倍显微镜下观察精子活动、形态、密度等情况。公貂一次射精量为 $0.1\sim0.3$ 毫升，每毫升精液中含（$14\sim86$）× 10^6 个精子。精液中的精子密不可分，呈云雾状为稠密；精子之间有 1 个精子的距离为稀薄；居两者之间为较密（图 6-3）。精子稀薄的精液为不合格精液。正常精子呈直线运动，形状似蝌蚪。无精、死精，或畸形、呈螺旋运动的精子都属于品质不良。如果连续两次无精或精液品质不良，应另换公貂。如一次检查精液品质优良，不必再次检查。发现种群精液品质普遍下降时，要及时查明原因，加强饲养管

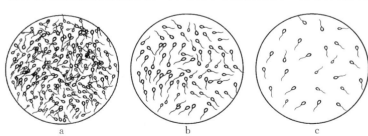

图 6-3　精子密度示意

a. 密　b. 中　c. 稀

135

第六章　水貂的饲养管理关键技术

理，补喂奶、蛋、肝等优质蛋白质饲料，添加维生素 A 和维生素 E。

（五）水貂配种的观察和护理

1. 观察母貂是真受配、假受配或误配　水貂交配持续的时间长短不一，短者几分钟，长者达数小时，一般是30～60分钟。越到配种后期，交配持续时间越长。交配持续时间，虽与繁殖力关系不大，但却反映了公貂的体质状况，反映了准备配种期的饲养管理水平。一般认为，交配时间长的，公貂体质不佳。

（1）**真配**　当公貂两眼半闭或直视，后躯背部与笼网呈直角或锐角，公貂后肢趾部能抬起离开笼网而公母貂后躯不分开，进一步见到射精动作，交配后母貂外生殖器官湿润、充血（有的不明显），可确定为真配。

（2）**假配**　如果公貂两眼发贼，后躯背部不能长时间与笼网呈直角或锐角，两后肢趾部都不能抬起离开笼网，走动时公母后臀部能分开，见不到射精动作，从笼网下观察，可见阴茎露在母貂体外，可确定为假配。

放对过程中公貂紧抱母貂，母貂突然高声尖叫，拼命挣脱时，多数是误配。检查肛门时，误配母貂肛门黏膜红肿或出血，严重的造成直肠穿孔而死亡。发生误配的母貂再放对时，应更换公貂或用胶布将肛门封上。

2. 防止公母貂咬伤　主要是注意区分求偶和敌对表现。当母貂上蹿下跳，爬上笼网顶、尖叫、躲在笼角或向公貂进攻等表现强烈对抗时，要马上将其分开。公貂咬住母貂颈部后，经较长时间母貂仍然强力挣脱拒配者，要马上将其分开。

当公貂求偶叫声停止，出现前足拍打笼网、尾巴乱甩或用臀部去靠母貂，并有咬母貂的敌对表现时，要迅速将其分开。交配结束后，母貂尖叫挣脱，也要立即将其分开。如果观察护理不及时，将出现严重的咬伤事故。一旦发生咬伤，要及时治疗。

3. 采取辅助交配措施　配种过程中，会因某种原因出现一些母貂难配的情况，必须采取相应措施，辅助其达成交配。若母貂后肢不站立，可用手从笼网底下托起腹部；若母貂不抬尾巴，可用细绳将尾巴吊起来；发情母貂惧怕公貂捕捉或挣脱后并无敌对行为而公貂还有交配要求时，可辅助公貂抓住母貂；母貂猛咬公貂时，可采用强制性交配的防咬措施（用胶布捆嘴等），使难配母貂达成交配。强制性交配是在配种后期所采取的不得已的措施，虽可收到一定的效果，但是不能在配种初期或中期采用，否则将造成大批母貂不孕或失配。

4. 难配母貂的交配　难配母貂除个别是因生殖器官异常外，多数是因为发情鉴定不准，在放对交配过程中受过咬伤或高度惊吓而造成的。若想解决难配母貂交配问题，必须准确掌握发情表现，发情即配，不发情则等；发情表现不易掌握的母貂，可先用性情温驯的公貂试情，确认母貂发情后，再用配种能力强的公貂进行交配。因被咬伤而难配的母貂，若发情期没过，可停放数日，待伤势有所恢复后再配。母貂如果到配种后期仍然不能观察到外阴部发情变化，可判定为隐性发情，这样的母貂同样要放对初配，耐心寻找体质好、配种能力强的种公貂与其交配。

5. 做好配种记录　可参考表 6-5 的格式，准备记录本并做好配种记录。

表 6-5　水貂繁殖登记本

编号			配种日期			妊娠期	产仔期	产仔数		
								公	母	合计
公	×	母	1	2	3					

6. 母貂的控光技术　有规律的控光可缩短平均妊娠期，使母貂集中产仔，提高仔貂 3 日龄成活率。生产上采用的控光法可分为分阶段渐进增光法和一次性持续增光法。

（1）分阶段渐进增光法　每只母貂结束配种后，分批控光，全群母貂结束配种后实现全群控光。对控光组有规律地延长光照，第 1 次延长光照使光照总时数（自然光照时数与人工光照时数之和）达到 12 小时 30 分钟，以后每隔 7 天使光照总时数增加 30 分钟，直至达到夏至自然光照时数保持不变，一直持续至超过半群母貂产仔时结束人工光照，只接受自然光照。控光过程中，每日在日落前 15 分钟开灯延长光照，但不计入光照总时数。科学制订光控方案，并认真执行；增光的实现要结合养殖场所在地的日出日落时间进行设定；通过日出日落时间计算出自然光照时长，再通过所设定接受光照总时长，相减之后即开灯（增光）时长；开灯时间应在天黑前的 15～20 分钟，阴天时可再提前些，但不计入增光时间，同时要严格按时关灯；增光母貂要远离公貂和未配种母貂，严禁灯光污染；根据实际情况使用遮光布、帘、门等。

（2）一次性持续增光法　当 1/3 的母貂配种结束时，开始延长光照。使用 40～60 瓦的节能灯，离笼顶 65～70 厘米，间隔 2.5～3 米放 1 盏灯。天亮前增加 45 分钟光照，天黑后延长 45 分钟光照。每日增光时间相同，即 1.5 小时，持续到全部母貂产仔完成，结束增加光照。

科学而规律的人工增加或减少光照，对促进繁殖有一定的益处，但盲目和不规律的增减光照，会使动物光敏效应紊乱，造成不可逆转的繁殖失败和经济损失。对于不理解光控原理和不能严格执行既定光照制度的养殖场不建议人工控光。

第四节　妊娠期的饲养管理

水貂配种结束到产仔这段时期称为妊娠期。从全群看，从 3 月 15 日以后，水貂陆续转入妊娠期，在饲养管理上也必须要有相应的转变，以适应生产的需要。这个时期，存栏数是全年最少的一个时期，但实际上却是一个非常重要的时期。妊娠期天数因个体差异较大，变动范围为 37～85 天，多数是 40～50 天，平均为（47±2）天。这是由于水貂受精卵发育成胚泡后并不马上在子宫附植，即胚泡滞育的原因。当日照进入长日照阶段，卵巢形成黄体后，胚泡滞育期结束，才进入真正的胎儿发育期。胚泡附植并迅速发育至胎儿成熟的阶段，通常为 30 天左右的时间。

一、妊娠的判断

1. 换毛速度　水貂换毛是由日照时间的变化引起的，但水貂妊娠之后，体内激素的变化使得妊娠母貂冬毛更换大大加速。换毛的顺序，先是眼圈四周，然后头部、躯体，最后是四肢，逐渐脱掉冬毛。临产前，冬毛已经全部脱落（正常情况下）。新换上的毛被外观光亮、发黑、贴身（绒毛少之故），与色调已退成黄褐色、蓬松而张开的冬毛形成了鲜明的对照。若发现妊娠母貂换毛过程突然中止，同时发生连续 2～3 天食欲不振或拒饲现象，则是胎儿发育受阻或发生死亡的标志，必须迅速找出原因，及时改正，挽救其他妊娠母貂。

2. 体型观察 随着妊娠日期的推进，母貂腹部逐渐高凸，后期突出的速度加快。而且由于绒毛脱落的关系，高凸的腹部显得更加明显。临产前乳头全部外露，也可作为妊娠的一个标志。初养者常将肥胖错认为妊娠，两者的区别是腹部的位置不同，上腹部高凸是妊娠，下腹部横向膨大是肥胖。

3. 行为观察 随着妊娠天数的增加，母貂采食量逐渐加大，饮水和排尿次数增多，活动能力却明显下降，常躲在小室内，不轻易外出。若用枝条逗引，可以看到妊娠母貂不善于跳跃，行动缓慢、稳重。逗引时要注意动作不宜过快，时间不要过长，以免影响胎儿发育。妊娠后期，大多数母貂有贮草营巢的行为。原来在小室内排粪便的母貂，此时也会喜爱清洁，到小室外排粪便。

二、妊娠期的管理

母貂在妊娠期，喜静怕惊。所以在妊娠期严禁外人参观、喧闹，不要在貂舍附近敲锣打鼓、燃放鞭炮，饲养员在喂食时也不要有太大的动静，做到轻拿轻放，更不允许将拖拉机开到貂舍附近，以防噪声影响水貂正常妊娠。同时要防

水貂高效养殖关键技术

止猪、犬、猫、鸡、鸭等在貂舍里乱跑乱窜，防止传播疾病和惊吓母貂。

饲养员要经常观察水貂的食欲、粪便及活动情况。正常情况下，粪便呈条状，换毛规律正常，爱在笼内仰卧晒太阳。喂食前 1~2 小时，有饥饿表现，在笼中活动频繁。如果发现水貂排黄绿色稀便，连续多日不爱吃食或不吃食，被毛焦燥无光，即换毛表现不明显，说明母貂患病，应立即查找原因，采取相应措施治疗。若母貂在妊娠期经常腹泻，则易使妊娠中断或产死胎、烂胎，貂群空怀率大大增加。

第五节　产仔哺乳期的饲养管理

产仔哺乳期是从产仔开始到仔貂断奶分窝这一段时间，40~50 天。母貂的妊娠期长短差别较大，每只母貂的产仔哺乳期均不一致。在正常饲养条件下，水貂产仔从 4 月 20 日左右开始，到 5 月末结束。产仔集中的时间是 4 月 25 日至 5 月 5 日。在生产实践中，将 4 月末到 6 月上旬列为产仔哺乳期进行饲养管理。控光养貂时，其产仔时间多在控光后的 210 天左右，将控光后的 210~250 天列为产仔哺乳期进行饲养管理。

一、预产期、临产征候与产仔过程

1. 预产期　水貂的妊娠期虽差别较大，但多数是（47±2）天。预产期，即母貂最后一次受配日期加上（47±2）天，并结合妊娠和临产征候加以确定。

2. 临产征候 临产前 1 周左右母貂开始拔掉乳房周围的毛，露出乳头。临产前 2～3 天，粪便由长条状变为短条状。临产时，活动减少，时时发出"咕、咕"的叫声，行动不安，有腹痛症状和营巢现象，产前 1～2 顿拒食。

3. 产仔过程 正常情况下，先产出仔貂头部。产后母貂即咬断仔貂脐带，吃掉胎盘，舔干仔貂身上的羊水。产后 2～4 小时，排出油黑色的胎盘粪便，这是判断是否产仔的可靠标志。正常产仔过程一般是 2～4 小时，快者 1～2 小时，慢者 6～8 小时，超过 8 小时的应视为难产。

二、产仔哺乳期的生理特点

母貂临产前骨盆韧带松弛，子宫颈松弛缩短，分泌物增加，阴道黏膜充血；阴门浮肿，抵抗力下降。在产仔和产后一段时间内，生殖道处于开放状态，容易感染各种疾病。因此，在饲养管理上要加以注意，特别是冬季不是非常寒冷的地区，细菌常年都处于活跃状态，更要加强饲养管理，防止母貂产后感染疾病。

母貂产仔后，很少出来活动，卧于小室中给仔貂哺乳，使体温尚不恒定的仔貂保持正常体温，迅速生长发育。由于仔貂的存在，母貂母性非常强，对周围环境变化的警惕性非常高，整天不离仔貂，出来吃食也是吃几口就跑回小室。因此，在饲养管理上应适应这一特点，为其创造一个舒适安静的环境。

仔貂的生长发育非常迅速，生长情况见表 6－6 和表 6－7。出生时，标准水貂体表呈灰红色，有稀疏灰色短毛。颈背部皮肤较厚，有皱褶。脐干缩变黑，2～3 天后脱落，眼未睁，无牙齿，鼻镜干燥，四肢勉强能支撑起身体，爬行困难，爪不尖不硬。白色水貂体表呈粉红色。灰色水貂体表灰红。浅褐色水貂体色较标准貂浅。

5日龄时，毛色较出生时深，耳壳有皱褶、紧贴头侧，耳孔不明显，爪略尖硬。

10日龄时，体色加深，下腭可见白斑，颈背部皱褶多而深且有表皮脱落，被毛长约2毫米，触须已长出约2.5毫米，爪较硬。母貂可见乳头，公貂睾丸隐约可见并略向外突出。

15日龄时，被毛长约4毫米，触须长约7毫米，鼻镜有黑痂，齿龈可见突起，但牙齿未长出，尾部毛长约1毫米，公貂阴茎可摸到。

20日龄时，有些仔貂牙齿已开始长出，被毛长6~7毫米，母貂阴道口明显突出4~5毫米，爪尖硬。

25日龄时，犬、白齿长出，有些门齿也开始长出，个别的已睁眼，爪坚硬尖锐。

30日龄时，一部分已睁眼，靠近犬齿的一对门齿已露出。

35日龄时，均已睁眼，公貂睾丸呈椭圆形，身体各部基本发育完全，多数已跑出小室自行吃食。

40日龄时，针毛先从额部长小，针绒毛已分明，下门齿开始生长。

仔貂生长很快，出生时体重8~11克，体长6~8厘米；到40日龄时，仔貂体重增长到300克左右，体长增长到22厘米左右。在人工补饲的情况下，到40日龄时，仔貂体重可增长到450克左右。由于仔貂的生长发育非常迅速，在饲养上一定要满足其对于营养物质的需要。

表 6 - 6　仔貂体重生长情况

品种	出生	日龄							
		5	10	15	20	25	30	35	40
标准水貂	9.6	25.0	46.0	73.0	104.9	138.7	174.2	217.6	295.3
黑眼白色水貂	10.6	21.3	36.7	61.3	86.7	112.2	135.6	164.4	218.0
蓝宝石水貂	9.5	21.4	40.0	68.3	98.3	125.2	162.8	197.3	268.8
咖啡色水貂	10.0	23.7	44.4	68.0	100.9	133.3	165.9	210.7	283.1

表 6 - 7　仔貂体长生长情况

品种	出生	日龄							
		5	10	15	20	25	30	35	40
标准水貂	6.7	9.1	11.5	13.6	15.7	17.7	19.2	20.6	22.9
黑眼白色水貂	7.0	8.7	11.2	13.2	15.2	16.7	18.0	19.3	21.8
蓝宝石水貂	6.9	8.4	11.0	13.5	15.7	17.2	18.5	20.0	22.3
咖啡色水貂	6.4	8.7	10.9	13.1	15.6	17.8	19.1	20.8	22.7

三、产仔哺乳期的饲养管理

产仔哺乳期饲养管理的中心任务是确保仔貂成活和迅速生长发育。在饲养上要供给足够的营养物质，使母貂能够分泌大量的优质乳汁，在管理上要为其创造安静舒适的环境。

1. 产仔哺乳期的饲养　日粮与饲喂方法基本与妊娠期相同。在一般情况下，按妊娠期用量补充饲料和蛋奶直到产仔完全结束。随着仔貂日龄增长，按比例增加饲喂量，保证供给水貂所必需的足够蛋白质、脂肪等各种营养物质。日粮配合必须具备营养丰富而全价，饲料新鲜而稳定，适口性强而易于消化的特点。日粮中的鱼、肉、肝、蛋、乳等动物性饲料要达到 80％以上，谷物饲料可占 18％～20％，蔬菜占 1％或不喂。此外，每只每天还应补喂鱼肝油 1～1.5 克（含维生素 A 1 500～2 250 国际单位）、酵母 5～8 克、骨粉 1 克、食盐 0.7 克、维生素 C 20～30 毫克，日粮总量应达到 300 克以上，蛋白质含量达到 30～40 克。

2. 产仔哺乳期的管理　应保证仔貂吃上初乳。母貂分娩后 3～5 天分泌的乳称为初乳，以后的称为常乳。初乳比常乳的营养成分含量丰富。初乳内含有丰富的球蛋白和清蛋白，摄食初乳后，蛋白质能透过新生仔貂肠壁而被吸收，有利于迅速增加仔貂的血浆蛋白；初乳中含有白细胞及抗体、酶、维生素及溶菌素等。初生仔貂主要依赖初乳内丰富的抗体产生免疫力，增强自身抵抗疫病的能力；初乳中还含有较多无机盐，特别是富含镁盐，镁盐有轻泻作用，能促使肠道排除胎便。由于初乳几乎包含仔貂生长所需要的全部营养物质，是别的食物不可替代的，因此应尽快让仔貂吃上初乳。

要注意防雨、防风、保温。在大风和春雨来临时，用适当设备遮风，并在能淋到雨的小室上盖好油毡纸或塑料布。小室内要有干燥垫草，防止哺乳母貂及仔貂感冒，并发肺炎而死亡。当仔貂开始吃食后（20～25 日龄），及时清理小室内的残食与粪便，保证小室清洁干燥。保证水盒内经常有清洁的饮水。

四、仔貂的护理

1. 检查　在笼底发现油黑色胎便后（一般在产后 4 小时），即可检查仔貂。首次检查需在产仔母貂排出食入胎衣、胎盘的油黑色粪便后进行，检查的目的不仅是检查产仔数，更重要的是了解母、仔貂健康状况，仔貂吮乳和母貂泌乳情况。

健康仔貂应该是大小适中，皮肤黑紫色，腹部圆胖，叫声尖而短促，动作强健有力；反之为弱仔。仔貂鼻镜蹭得发亮，周边毛绒内沾染灰尘是已吮乳的迹象。如果身体温暖、腹部饱满，则为吃上初乳迹象；如身体发凉、腹部瘦瘪，则为没吃上初乳或没吃饱初乳的迹象。此时应进一步检查母貂乳头发育和泌乳情况。发现红爪病的，用注射针头在仔貂嘴角处滴 2～3 滴维生素液，连续治疗 3 天；仔貂数量过多的，可考虑代养。以后以听为主，避免频繁检查。如果听到仔貂叫声短促有力，并常听到喋喋的吮乳声，则说明母貂乳量充足，仔貂发育正常，近日内不必再检查。如果仔貂叫声嘶哑、拉长、无力，则说明乳量不足或母貂不会护理，这时应采取给母貂催乳或代养的方法来挽救。

为查明仔貂生长发育状况，应每隔 7～10 天定期进行复检。一般应该在上午 9 时以后进行。若天气太冷，检查时间应适当推迟。检查次数过勤对母貂和仔貂都没有好处。但发现仔貂不正常时，应适当增加检查次数。

仔貂 30 日龄以后开始吃饲料，母貂不再舔食仔貂粪便，使小室很脏，这时又要经常检查，清除小室内的粪便、剩饲和污草，保持小室的干燥、清洁。否则仔貂容易发生感冒、肺炎或肠炎。检查后应做好各项记录。每年按仔貂不同月龄随机取一部分仔貂称重，以便于掌握本年度的仔貂生长情况及与各年度的比较。

2. 检查方法　用食物将母貂轻轻引出小室，插上插板。用少量垫草擦手，扒开窝迅速取出仔貂检查（注意不可破坏窝巢），手不能带异味，否则母貂会吃掉仔貂。检查动作要快、轻。

3. 仔貂代养 凡仔貂过多（9只以上）、缺奶、母性不强或患自咬病、在产后发病的母貂，均需找产期相近、仔貂年龄相似的其他母貂代养其仔貂。原则是：代养大的、发育强壮的仔貂。乳母需母性强、无吃仔恶癖、乳量充足、产仔少（1～4仔）。代养时，可以把乳母引出小室，把被代养仔貂与原窝仔貂混在一起在手中摇摇，直接放入窝中；也可将被带仔貂涂上乳母粪便，放在小室进口处，母貂听到仔貂叫声后，即可将仔貂叼回小室。代养后要注意听、检，发现异常，要及时处理。

4. 仔貂抢救 发现从笼底掉地的仔貂，应将其揣在怀中以提高体温；胎膜未破的要撕破胎膜，断好脐带，然后以代养方式还给母貂。

5. 仔貂补饲 仔貂20日龄后可以补饲，一直补饲至60日龄，断奶前母、仔貂同补，分窝后幼貂单补。补料的营养丰富、易于消化。根据仔貂数量及日龄增长，逐渐增补饲料量，以满足母貂哺乳及仔貂发育对营养的需要。

第六节　水貂育成期的饲养管理

幼貂育成期是指仔貂分窝以后至体成熟（12月下旬）的一段时间，其中分窝至秋分（9月下旬）是幼貂快速增长期，故又称幼貂生长期或育成前期；秋分至冬至是幼貂、种貂冬毛生长成熟的阶段，故对皮貂而言又称冬毛生长期或育成后期。

一、仔貂的断奶分窝

1. 断奶分窝的准备 在产仔哺乳期，要根据产仔数量准备好足够的笼舍。对于上一年度的空笼舍，要严格洗刷与消毒。首先除净小室与笼网上的粪便，然后，用热碱水刷洗小室与笼网，再用清水冲洗。有条件的貂场，还应用喷灯进行火焰消毒。北方地区和多雨气温变化较大的地区，要在消毒后的小室里垫上少量清洁干燥的垫草。

2. 断奶分窝的时间 多在 40～45 日龄。母貂丧失护理能力的，可适当提早几天分窝。仔貂发育较差，母貂又有护理能力的，可适当延迟几天分窝。

3. 断奶分窝的方法 仔貂发育较好的，应一次断奶分窝，即一次将仔貂全部分出。仔貂发育不均匀的，可 2～3 次分离，多是先分发育较好的。分窝后的最初十几天内可同性双养，然后再分成一笼单养。

分窝时要将母貂的号码记载到其仔貂的笼舍上，防止系谱混乱。随同分窝工作要进行初次选种，把种用与皮用的貂分别集中放在貂棚的不同部位，淘汰的成年貂与继续留作种用的成年貂也要分别集中放在貂棚的不同部位，以利于管理。

二、育成期水貂的生长发育特点及换毛规律

这个时期水貂的代谢特点是生长发育快，体重增长几乎是直线上升，尤以公貂为明显。但仍然看出有几个不同阶段，在不同阶段中，有时生长特别迅速，有时比较缓慢。

在正常饲养管理条件下，分窝后的 50 或 60 天内，即 7 月底以前，幼貂的食欲非常旺盛，生长发育最迅速，这个时期是决定水貂体型大小的关键时期。如在哺乳期经过人工补饲，到 7 月中下旬，幼貂的体长接近于成年貂。分窝后的 60～90 天，即 7 月底到 8 月底，天气十分炎热，食欲有所下降，生长发育速度也较为缓慢。分窝后的 90～110 天，即 9 月上旬与中旬，皮肤内形成冬季"胚胎毛"，水貂的食欲上升。分窝后的 110～130 天，即 9 月下旬到 10 月上旬，冬毛长出，夏毛脱落，生殖系统发育。分窝后的 130～180 天，即 10 月中旬到 11 月底，是冬毛生长乃至成熟的时期，此时生殖系统的发育也较为迅速。

总之，分窝后的 60 天内是决定水貂体型大小的关键时期；分窝后的 110～180 天是决定毛皮质量的关键时期，也是决定生殖系统发育的重要时期，这时的水貂食欲旺盛，增长很快。水貂不同月龄的体重与采食情况见图 6-4 和图 6-5。

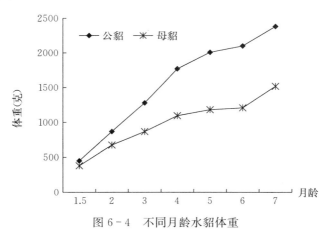

图 6-4　不同月龄水貂体重

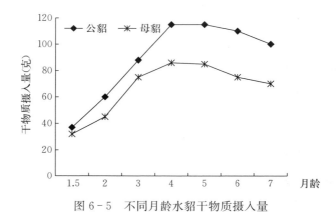

图 6-5　不同月龄水貂干物质摄入量

仔貂从出生到冬毛成熟，其毛绒脱换要经历 3 次，即胎毛换成初期毛绒、初期毛绒换成夏毛、夏毛换成冬毛。其冬毛的生长发育同成年貂，但时间较成年貂稍晚一些。

三、育成期水貂的管理技术

1. 分窝后宜合笼对养或双养　刚分窝的幼貂胆怯惊恐，合养可减轻其孤独感，有利于迅速度过刚分窝时的不适应期。依据国外经验，整个育成期都适合双养，可以促进水貂的食欲和健康，减少自咬症和食毛症的发生率。分窝时必须把个头相等和性别相同的放在一起。这样可防止以大欺小、以强欺弱。初分时个头大的分出，小一点可以和母貂放在一起，让母貂再带一段时间。8～10 天后进行二次分窝。母貂可以 3 只饲养在一起，公貂可以 2 只饲养在一起。仔貂分窝后，要注意貂群食欲情况，若发现食量不足，要及时添加，以避免食物不足引起的争斗。仔细观察貂群，对于好争斗抢食的仔貂可单笼饲养。

2. 适时疫苗接种　　幼貂分窝后的第 3 周内，必须选用质量可靠的犬瘟热、病毒性肠炎疫苗接种，严防这两种传染病发生。犬瘟热疫苗皮下接种，肠炎疫苗肌内注射。一定要按此免疫程序要求分期给幼貂疫苗免疫接种。否则免疫注射时间早于 2 周，幼水貂体内母源抗体会中和疫苗（抗源）使免疫效果降低；如免疫时间超过 3 周，幼貂体内母源抗体消失出现免疫空档，会出现感染发病。

动物的免疫应答与其健康状况直接相关。疫苗免疫接种期间要加强饲养管理，减少不良应激刺激，勿使用免疫拮抗药物（地塞米松等）。

3. 提高饲料稠度和喂量　　刚分窝后 1～2 周内，应投喂营养丰富、品质新鲜、容易消化的饲料，日粮喂量逐渐增多，以便幼貂适应独立采食，防止出现消化不良和消化道疾病现象。分窝半个月以后提高日粮量，以幼貂吃饱而不剩余为原则。幼貂吃饱的标志是喂食后 1 小时左右饲料才能吃光，且消化和粪便情况无异常。饲喂时间应尽量在早、晚天气较凉爽时进行。幼貂育成前期（7—9 月）是催大个的关键阶段。

4. 加强卫生管理，预防疾病发生　　幼貂育成期正值天气炎热的时期，也是各种疾病的多发期。首先要加强饲养管理，提高幼貂的抗病力；其次要加强卫生管理，及时清理笼网、地面粪便，搞好环境卫生；要勤观察，及时发现患病幼貂，及早治疗疾病。

5. 严防幼貂中暑　　夏季炎热，尤其是闷热无风天气时，要严防幼貂发生中暑。预防措施是向笼舍地面洒水降温，中午和午后经常驱赶熟睡的幼貂运动，张挂遮阳网防止阳光直射笼舍等。要准确掌握食盐喂量，盐量增多又缺乏饮水时，极易诱发幼貂中暑。

6. 秋分时节（9月下旬至10月上旬）**种貂复选** 秋分时节要抓住观毛选种的有利时机，在窝选（初选）的基础上，主要根据幼貂秋季换毛情况进行种貂复选。秋分后选留的种貂转入准备配种期饲养，而皮貂转入冬毛生长期饲养。淘汰的老种貂和幼貂可适时埋植褪黑激素，以便提前取皮。秋分以后，将皮貂转入照度低的环境下饲养（如棚舍北侧或树阴下），这有利于皮貂育肥和提高毛皮质量。皮貂在保证冬毛正常生长发育的同时，宜育肥饲养，以期生产张幅大的毛皮。要及时清理皮貂笼网上积存的粪便，以免沾污毛绒，遇有皮貂被毛脏污、缠结时，要及时进行活体梳毛。

第七节 种貂恢复期的饲养管理

一、种公貂恢复期的饲养管理

准备明年再留作种貂的公貂自配种结束后到8月末为恢复期。公貂由于配种，食欲减退，营养和体力消耗均极严重。为了使公貂尽快恢复健康，防止发生疾病，给下一年配种工作打下良好基础，必须加强这一时期的饲养管理。若公貂在恢复期得不到充足的营养，健康状况不能迅速恢复，在下一年常出现发情迟缓或发情不集中、性欲减退、配种次数减少、与配母貂空怀率高、胎产仔数少等现象。严重时能造成种貂死亡。因此，公貂在配种结束后2~4周内，饲料应维持配种后期的营养水平或喂给母貂孕期饲料，不宜降低过早或过多。个别瘦弱公貂还应注意加以照顾。

在管理上，早食应提前，晚食应拖后，并供给充足的饮水，待公貂体况恢复后，再转入一般的饲养管理。

二、种母貂恢复期的饲养管理

种母貂恢复期的饲养管理颇为重要。母貂在历经 3 个月的配种、妊娠、泌乳过程，体力和营养消耗极大，体况普遍下降。因此，断乳后的母貂大部分身体瘦弱，抵抗疾病能力较低，容易发生疾病。

为了使母貂尽快恢复健康，断乳后母貂的饲料不应立即改变，而应暂时维持泌乳后期的水平。对个别食欲不好、常在小室不愿出来的母貂，每日可多给葡萄糖 1 克，维生素 B10 毫克，乳酶生 lO 毫克，以促进食欲。待母貂体况普遍恢复后，再转为一般饲养。管理上还要供给充足的清洁饮水，防止中暑，早食早喂，晚食晚喂。在这个时期饲养是否合理，可根据母貂体重的季节性变化和换毛的情况来确定。

第七章
疾病防控关键技术

第一节　水貂场的卫生防疫

水貂的疾病防治工作，必须遵循"养重于防，防重于治"的方针，科学地饲养管理，严格执行卫生、防疫制度，降低水貂的发病风险，保证貂群的健康。

一、貂场卫生

1. 饲料卫生　饲料的采购、运输、贮藏、加工各个环节都必须防止污染，保证饲料新鲜卫生。养貂场不能购进来源不明的动物性饲料，从外地购进动物性饲料时，一定要对当地的疫情考察清楚，不准从疫区采购饲料。大批购进动物性饲料，一定要经检疫确认无疫病的病原体污染时，方能入库。因传染病原体或不明原因死亡的畜禽肉、内脏不能用作貂的饲料。绝对禁止使用发霉、变质的谷物性饲料。水貂吃入变质的饲料常常引起厌食、拒食和感染各种疾病。妊娠母貂若吃入发霉变质的饲料，往往导致胚胎被吸收、流产、难产或产出死胎和发育不良的仔貂，而母貂往往产后无奶或缺奶，造成仔貂大批死亡。

对饲料采购、使用要层层把关，杜绝因饲料品质不好而出现问题。首先采购员不得采购腐败变质的饲料；仓库保管员不接收腐败变质的饲料；取料人员不领取腐败变质的饲料；饲料加工人员不加工腐败变质的饲料；饲养员不喂变质饲料加工的饲料。经过制度性的层层把关，防止腐败变质饲料进场。

2. 饮水卫生　饮水要充足、新鲜。最好使用自动饮水器，可有效避免传统水盒出现的落入粪便、尿和食物残渣的现象。采用水盒喂水要勤给勤换，保证饮水卫生。禁止使用死水和污水，因为其中含有很多细菌和寄生虫，水貂饮用这种水以后容易感染疾病。当怀疑水中含有病原体时，要对饮水进行消毒。

3. 貂笼卫生　水貂有藏食习性，常将饲料叼到小室内存放，因此，应每天清除小室内积存的剩食和粪便，笼内也应每天打扫。小室内要勤换垫草，尤其是在秋、冬季节，用于防寒、保暖和吸潮。所用的垫草必须柔软干燥。

哺乳期从仔貂开始吃饲料时起，母貂就不再舔食仔貂的粪便，仔貂往往又缺乏到室外排便的习惯，将粪便排在小室内，再加上母貂叼食，仔貂争相抢食，最容易将小室内的垫草弄脏、弄湿，所以要求每天按时清理脏草，更换干燥的刨花或柔软的垫草。

笼舍下面的粪便要及时清理。尤其在夏季，粪便清理不及时会发酵，散发臭味，影响环境。同时，也容易通过粪便传播疾病。运出场外的粪便，至少要远离饲养区 100 米。使粪便进行生物发酵，利用产生的热杀死粪便中的微生物和虫卵。

4. 饲料加工室和用具卫生　饲料加工室和用具卫生非

常重要。鱼、肉饲料是细菌很好的"培养基"，容易成为细菌滋生的场所。所以，饲料室地面和墙壁最好用水泥抹成，以利冲洗、消毒。每次加工完饲料，必须彻底冲洗，要消灭每一处死角，使细菌无滋生之地。饲料室内绝对禁止存放各种消毒剂和农药，以防加工时不慎投入饲料中使水貂食后中毒。饲料室除加工饲料外，不能兼作其他用，如宰猪、加工其他产品等，避免将病原带入饲料室内。饲料室要防蝇、防老鼠。饲料加工工具，如绞肉机等使用后必须及时清洗、保持洁净。

水貂常用食具要保持清洁卫生。防止水貂吃剩饲料，特别是夏季气温较高的时期，防止剩饲料发酵变质、细菌滋生。水盒也应经常洗刷，保证水貂喝到清洁饮水。

5. 环境卫生 水貂场内外应经常打扫，注意环境清洁。貂场附近的小坑和小水沟都要及时填平，防止积存污水，以防病原微生物滋生；污水沟要及时疏通，使污水尽快流走，不能在貂场附近积存。

要注意做好场内的灭蝇工作，防止把病原体带到貂场。消灭蝇的最好办法就是管好粪便和剩食；夏季应及时将粪便、剩食清离貂场，搞好环境卫生，清除一切腐败污物，避免苍蝇滋生。定期在貂粪上、下水道周围等地方撒生石灰，可以彻底消灭蝇蛆，这样成蝇才能大大减少。也可以在饲料中添加有效微生物，具有驱蝇的作用，还能有效降低貂粪的臭味。

二、防疫消毒

1. 控制传染源 某些动物和害虫都可能成为传染病的传染源或媒介，应消灭场内的有害动物（如老鼠、野猫等）

和害虫（蚊、蝇）（图7-1）。因传染病死亡的尸体，必须焚烧或深埋。对于患传染病水貂所用的笼舍、用具，排泄物，以及饲养人员的衣服必须严格清洗消毒。貂场内的出入口、饲料室出入口设消毒池（图7-2）。非养貂人员不得随意进出水貂场和饲料室，外来参观人员必须严格消毒后方可进入貂场。养貂人员工作服和胶靴禁止穿出场外。

图7-1　捕蝇工具

图7-2　消毒池

2. 隔离　病貂和患过传染病的水貂是引起传染病流行的传染源。因此，从外地、外场引种时，应隔离饲养2周以上再进入饲养场内。在隔离饲养观察期间要进行主要传染性疾病的检疫，发现有问题的及时挑出，再进行隔离。从国外引种时，也要在口岸或机场观察1～2周，确认无传染病时，方可进入貂场正常饲养管理。貂场一旦发生疫情，应马上采取紧急措施，把患病和疑似患病的貂隔离开，必要时封锁貂场。

3. 消毒　可分为预防性消毒、临时性消毒和终末性消毒3种。

（1）预防性消毒　为了预防貂场发生传染病，经常性地进行定期消毒工作。如貂场地面定期用生石灰或石灰乳喷洒消毒。每年产仔和仔貂分窝前对笼舍消毒。饲料加工用具、食盆、水盒、饲料桶、饲料室和貂棚附近环境等，均应定期消毒。

（2）临时性消毒　这种消毒通常用于已发生某种传染病的貂场。可连续或不定期地对病貂排出的粪便所污染的环境和工具、用具等进行消毒。临时性消毒可防止传染病继续蔓延。

（3）终末性消毒　当最后一只病貂痊愈并解除疫情时，为彻底消灭传染源而进行的消毒称终末性消毒。终末性消毒必须做到完全彻底。凡被病貂污染或疑似污染的一切区域、笼舍、工具、食具，以及饲养员的工作服等，均应进行彻底消毒，否则就可能留下后患，使传染病再次暴发。

三、预防接种

1. 种群净化　阿留申病是一种由阿留申病毒引起的水貂慢性传染性疾病，主要侵害水貂的免疫系统，严重影响种群的繁殖性能，导致仔貂突发肺炎而死亡。该病目前还没有有效的免疫与治疗方法。水貂阿留申病要在种貂检疫的基础上，对检测结果阳性的个体进行淘汰处理，实现种群净化。

2. 免疫程序　预防接种是防止传染病发生的有效方法，多在传染病流行季节到来之前进行预防接种。但是防疫注射后需经一定时间才能产生免疫抗体，获得稳定而持久的免疫性。水貂常用的疫苗有犬瘟热疫苗、病毒性肠炎疫苗、肉毒梭菌毒素中毒病灭活菌和绿脓杆菌病疫苗等，免疫程序见表7-1。

表 7 - 1　水貂的免疫程序

免疫时间	预防疫病	疫苗	用法与用量	备注
50～60 日龄	犬瘟热	犬瘟热冻干活疫苗	按瓶签注明头份，用专用稀释液稀释，水貂每只肌内注射 1/3 头份	两种疫苗可同时免疫
50～60 日龄	细小病毒性肠炎	水貂病毒性肠炎灭活疫苗	水貂每只肌内/皮下注射 1 毫升	
65～70 日龄	肉毒梭菌毒素中毒	肉毒梭菌中毒症灭活疫苗	水貂每只肌内/皮下注射 1 毫升	
65～70 日龄	绿脓杆菌病	水貂出血性肺炎二价灭活疫苗（G 型 WD005 株＋B 型 DL007 株）	水貂每只肌内/皮下注射 1 毫升	两种疫苗可同时免疫
配种前 30～60 天	犬瘟热 细小病毒性肠炎	犬瘟热冻干活疫苗、-水貂病毒性肠炎灭活疫苗	按产品说明注射方法、剂量使用	

　　成年貂每年预防接种 2 次。第 1 次在繁殖结束后，即仔貂断奶分窝后预防注射，继续留种的水貂在第 1 次预防接种后的第 6 个月再次预防接种。幼貂于断奶分窝后的第 3 周内进行第 1 次预防接种，留种幼貂在第 1 次接种后的第 6 个月再次预防接种。如果出现疫病，首先应隔离病貂，对未出现症状可疑群进行紧急预防接种。

3. 接种时的注意事项　购买质量可靠疫苗制品，妥善运输保管。运输和保管疫苗中要防止冷冻疫苗暖化和非冷冻疫苗被冻结。不宜使用犬用多价疫苗。不能使用超过有效期或保管期发生变质的陈旧疫苗。预防接种疫苗时，要注意严密消毒，每接种1只水貂后最好更换1次针头，注射器具要严密消毒，防止交叉感染或注射部位感染。预防接种过程中要准确保证注射疫苗的相应剂量，以产品说明书为准。皮下注射时，不要将注射器针头穿至皮外。预防接种应在水貂群健康状况良好、免疫功能健全时进行。如果水貂群健康状况不良，免疫功能降低，应暂缓进行预防接种。恰遇相应的传染病发生进行紧急接种时，疫苗必须保证质量，并且保证说明书中注明可供紧急接种使用。

第二节　水貂场的消毒

消毒是预防传染病、扑灭传染源的有力措施。做好养殖场日常消毒工作，对防治水貂疾病发生非常重要。因此，貂场必须建立严格的消毒制度。

一、常用消毒方法

1. 机械清除　指通过清扫、清除、水冲、洗涮、粉刷等手段，直接减少病原体的方法。及时清除粪尿可使疾病传播的风险降低90％。

2. 物理消毒法　利用阳光、紫外线、火焰及高温等手段杀灭病原体的方法。消毒物品如笼舍、垫草、用具、衣物等，置于太阳光下照射，由于紫外线、可视光线和红外线的协同穿透作用，可使病原微生物体的蛋白质变性而死亡。饲料室、消毒间等可利用紫外线使微生物遗传物质的活性丧失而达到消毒目的。对笼舍、金属器具、尸体等，均可用火焰进行消毒，此法简便，消毒彻底（包括寄生虫、虫卵等）。对玻璃器皿和金属工具，可用干热灭菌箱，保持160℃2小时可杀死病原体。对医疗器械和工作服等，可用煮沸消毒。对病料、敷料、手术用具及工作服等，可将其置于高压灭菌器中，进行高压蒸汽消毒。

3. 化学消毒法 指利用各种化学消毒剂，通过浸泡、喷洒、喷雾、熏蒸等方法杀灭病原体。如利用喷雾器将消毒剂喷出细小雾滴进行喷雾消毒。

4. 生物消毒法 指利用微生物发酵的方法杀灭病原体。主要针对粪便和垫料。如把粪便集中在一起，发酵后用作肥料，利用发酵过程中的高温杀死病原微生物和虫卵。

二、常用的化学消毒剂

消毒剂种类繁多，按其性质可分为醇类、碘类、酸类、碱类、卤素类、酚类、氧化剂类、挥发性烷化剂类等。不同消毒剂的杀菌原理不同，用途和用法也各不相同。

1. 漂白粉 常用于对水源、墙壁、地面、垃圾、粪便等的消毒，浓度为10%～20%，密闭环境中使用效果较好。因化学性质不稳定，应现用现配。

2. 生石灰 干粉常用作通道口的消毒或地面的直接撒布（在湿润状态下才有杀菌作用），乳剂（熟石灰）用于地面、垃圾的消毒，浓度为20%。因其化学性质不稳定，需现用现配。

3. 氢氧化钠 具有腐蚀性，均可用其3％～5％的热水溶液进行消毒。如果再加入5％的食盐，可增加对滤过性病毒和炭疽芽孢的杀伤力。氢氧化钠消毒后要用清水冲洗。

4. 高锰酸钾 常用其0.5％～1％的水溶液对饲料机具、水食具和某些饲料进行消毒。因其易于分解失效，故该现用现配。

5. 福尔马林（甲醛溶液） 常用其1％～2％的水溶液对笼舍、工具和排泄物消毒。另外，福尔马林可用于消毒室蒸汽消毒。筹建一密闭消毒室，将需要消毒的畜舍、笼具、工具、工作服等放入消毒室，使用福尔马林蒸汽进行消毒。

6. 碳酸钠 2％～5％碳酸钠溶液可用于饲料加工器具、水槽、食盒及窝箱的消毒。

7. 双氧水（过氧化氢） 常用3％水溶液对深部脓腔消毒。

8. 百毒杀 无腐蚀、无刺激，其药效可达10～14天。可用于貂场各部分及器具的消毒、貂舍的带貂消毒，也可用于饮水消毒。

9. 洗必泰 可用于带貂消毒。使用时应注意勿与肥皂、洗衣粉等阴性离子表面活性剂混合使用。冲洗消毒时，若创面脓液过多，应延长冲洗时间。

10. 戊二醛 有一定的毒性，可引起支气管炎及肺水肿。

11. 过氧乙酸 有腐蚀和漂白作用，有强烈酸味，对皮肤黏膜有明显的刺激。适用于耐腐蚀物品、环境、皮肤等的消毒。

12. 臭氧 为已知最强的氧化剂。臭氧在水中的溶解度较低（3％），臭氧稳定性差，在常温下可分解为氧。所以臭氧不能瓶装贮备，只能现场生产，立即使用。

13. 碘伏　适用于皮肤、黏膜的消毒。缺点是受有机物影响大；对铝、铜、碳钢等二价金属有腐蚀性。

14. 新洁尔灭　适用于皮肤、黏膜的消毒及细菌繁殖体污染的消毒。最好随用随配，放置时间一般不超过 3 天。不要与肥皂或其他阴离子洗涤剂同用。也不可与碘或过氧化物等消毒剂合用。

三、正确使用消毒剂

一个理想的化学消毒剂，应杀菌谱广，使用有效浓度低，杀菌作用速度快，性能稳定，易溶于水，可在低温下使用，不易受各种物理化学因素影响，对物品无腐蚀性，无臭、无味，使用安全（消毒后无残留毒害），价格低廉，运输方便，可大量生产供应。目前的化学消毒剂中，没有一种能够完全符合上述要求。因此在使用中，只能根据被消毒物品性质、工作需要及化学消毒剂的性能来选择使用某种消毒剂。

了解消毒剂的消毒特性，有针对性地选用消毒剂；水貂对气味敏感，对于消毒剂污染的饲料会拒食；水貂对来苏儿、克辽林（又称为臭药水或煤焦油皂溶液）过敏；对笼具消毒要选择无腐蚀性的消毒剂。按照说明书正确存放消毒剂，温度要适宜，有的还须避光存放；养殖场应多备几种消毒剂，定期交替使用，以免产生耐药性；消毒药要按照使用说明书进行稀释，浓度正确是消毒成功的关键因素；消毒前，将需要消毒的环境或物品清理干净，去掉灰尘和覆盖物，有利于消毒剂发挥作用；消毒时应穿防护衣服、戴防护眼镜、口罩、手套等，如不慎沾到皮肤上，应立即用水清洗；消毒液经长期或频繁使用，都有可能滋生微生物，特别是中效或低效消毒剂，因此消毒液最好现配现用；除有特殊说明之外，不同的消毒剂不能混合使用。

四、水貂场不同部位的消毒方法

1. 饲料室、储物室　选择紫外线灯、高锰酸钾、漂白粉是较为合适的。漂白粉使用时关紧门窗效果较好。

2. 水　常用氯消毒，含 25% 有效氯的漂白粉 2～4 克。污水可在每立方米水中加 6～10 克漂白粉（具体视水的污染程度增减用量），6 小时后可杀灭水中的病原体。

3. 工作人员和外来人员　养殖场的工作人员，在进入生产区前要更换工作服和靴鞋，并在消毒池内进行消毒。有条件的养殖场，在生产区入口设置消毒室，在消毒室内更换衣物，穿戴清洁消毒好的工作服、帽和靴经消毒池后进入生产区。工作服、工作靴和更衣室定期洗刷消毒。工作人员在接触水貂之前必须洗手，应用消毒肥皂多次擦洗手进行消毒；有疫情时应在用药皂洗净后，浸于 1∶1 000 新洁尔灭溶液内 3～5 分钟，清水冲洗后擦干。

一般选用紫外线灯、漂白粉喷雾、百毒杀等，在消毒室待 5～15 分钟。

4. 貂场衣物　应对工作服、胶靴及护理用具编号，固定人员使用，不得转借他人。要求勤换、勤洗衣裤，并进行定期消毒。可用 84 消毒液、紫外线照射或福尔马林熏蒸消毒，还可选择煮沸或蒸汽灭菌，除了效果较好外，对棉质衣物还有软化作用，穿着更舒适。有疫情时更应注意工作服和帽的清洁消毒工作，必要时每天更换。不论平时或疫病时，工作服不准穿出生产区。

5. 伤口　包括人的擦伤及貂的咬伤等，常选用碘酊、碘甘油、酒精、双氧水、聚维酮碘等。不可以将消毒液直接倒在伤口上，特殊伤口除外。

6. 笼舍　双氧水、过氧乙酸、洗必泰、百毒杀、聚维酮碘都是可以带貂消毒的药剂。火焰消毒主要用于空笼舍的彻底消毒。

7. 貂场地面　石灰、火碱（氢氧化钠）是较为廉价、实用的消毒剂。

8. 车辆和工具　装运健康水貂及一般产品的车运工具，先进行机械清除脏物，再清洗，如果能用 60～70 ℃热水冲洗效果更好。装运过病貂（含病毒、细菌性）的车辆、工具，除用 1%～2% 热烧碱溶液进行清洗、消毒外，隔天再用水清洗。如污染严重，病情恶劣，应反复进行有效的消毒清洗。

要想达到满意的消毒效果，就一定按科学的程序进行。单独一次消毒通常都达不到满意的效果，水貂养殖场的环境及饲养设备或用具的消毒要按以下程序：清扫→清洗→干燥→消毒→清洗→干燥→再消毒→再清洗→再干燥。消毒过程中的顺序通常从高到低、从一侧到另一侧。除了平时注意预防消毒外，水貂一旦出现发病，还要注意发病时的消毒，当疫病平息后，还要进行一次彻底消毒。

第三节　水貂疾病诊断

饲养人员每天都要细心观察貂群的状况，发现病貂及时治疗。根据病貂的临床表现、实验室检查和尸体解剖检查，全面系统地分析，进而判断疾病的发生、发展和转归，最后作出正确判断，查出病因。只有正确的诊断才能制订合理而有效的防治措施。

一、临床诊断

（一）问诊

首先向饲养员了解饲养管理情况，如饲料的种类变化、来源、品种、质量、贮存等情况，日粮组成、饲料单变更时间、变更前后貂群食欲变化、饲料加工等情况。然后再向饲养员了解病貂的情况，如发病时间、食欲、粪便以及既往史等。

（二）视诊

观察水貂的食欲、精神、活动、排便、分泌物及局部病变等。病貂的一般表现为食欲不振（剩食或拒食）、鼻镜干燥、不爱活动、反应迟钝、被毛焦燥无光泽、体躯佝偻、粪便异常（腹泻或排脓性下痢，颜色呈白、黄、绿、红及黑等异色）等。大的水貂饲养场技术员和兽医，每天早晨都要进貂场观察水貂群体状况和个体状况，发现异常问题随时处理。小饲养场的饲养员每天都要检查自己分管的貂群，发现问题要及时向场里反映，以便技术员或兽医员及时掌握群体健康状况，随时处理。

1. 食欲及饮水　注意采食的速度、数量和时间，根据食欲情况可区分为食欲减退、废绝、亢进等，同时要观察采食、咀嚼、吞咽有无异常，有无呕吐症状。食肉类动物常因口腔中有骨刺卡住，口腔不能闭合，造成采食困难；某些中毒性疾病常有呕吐症状；口炎多有流涎表现；水貂患阿留申病时常出现暴饮。

2. 外貌　　注意动物的体况，过度消瘦多为病态，多见于某些慢性传染病，如阿留申病、结核等。观察动物起卧、运动时的姿势有无异常，脱臼多不能站立，某些传染病常引起后肢瘫痪。观察动物的精神状态，自咬病、神经型犬瘟热常表现狂暴、惊恐、尖叫；各种疾病的垂危期及中暑多表现昏迷。

3. 被毛及皮肤　　观察被毛的光泽、颜色及脱换情况。患病动物被毛篷乱无光、背毛不完全。注意有无自咬、食毛现象，有无皮肤寄生虫或疥癣。

4. 粪便性状　　肉食动物的粪便多为长条状，前端钝圆、后端稍尖，表面光滑，色深褐。发病后粪便的颜色、数量、性状都会发生变化。肠炎时排稀便，数量增多；便秘或肠梗阻时排干便，粪球变小或不排便；出血性肠炎或某些传染病（阿留申病、犬瘟热）时排煤焦油状便；卡他性胃肠炎时多排带有黏膜的粪便；病毒性肠炎时排出带有黏液和肠黏膜的粪便。

5. 可视黏膜　　可视黏膜的颜色可反映出机体血液循环状况及血液的变化。通常检查口腔、眼睑、肛门、阴道等黏膜，正常黏膜的颜色为淡粉色。黏膜苍白为贫血的特征，某些传染病（阿留申病）、寄生虫病及出血性疾病都可引起贫血；黏膜发红多见于中暑或中毒性病；黏膜黄染多见于黄脂肪病、肝肾变性等病；黏膜发绀多见于心力衰竭、食盐中毒等病。此外，眼睑肿胀多见于犬瘟热、维生素 A 缺乏症等；肛门肿胀多见于炭疽。

6. 鼻腔分泌物　　健康动物不流鼻液，当患犬瘟热、肺炎等，均流出大量鼻液；肺坏疽时，鼻液带有恶臭味。

7. 呼吸次数及呼吸姿势　　健康的水貂为胸腹式呼吸，

呼吸均匀一致，40～60次/分钟。若呼吸频率不在正常范围内则为病态，呼吸次数增加常见于肺脏、心脏疾病；呼吸次数减少多见于某些脑病（脑炎、脑水肿）。

（三）触诊

触摸病貂患部温度、内容物状况、硬度和患貂的反应。触诊对诊断水貂黄脂肪病、脓肿、膀胱结石有现实意义。一般急性黄脂肪病，触摸鼠蹊部脂肪有绳索状肿块，可以作出初步诊断。

（四）叩诊

判断胃肠臌胀或胸腹腔积水时可用到叩诊。

（五）嗅诊

嗅诊指通过嗅觉，辨别病貂的分泌物和排泄物的气味有无特殊变化。

（六）体温测定

水貂的体温常用直肠温度表示，直肠温度是将体温计插入病貂肛门内5～6厘米处测得温度。成年水貂正常的直肠温度为38.5～39.5 ℃，体温升高是多数疾病的重要标志。

二、实验室诊断

（一）血液检查

1. 红细胞和白细胞的检查 水貂采血比较困难，一般是脚趾尖采血，多在后肢某一趾尖消毒后，用眼科剪刀在爪尖红白交界处剪断，血液流出后，用毛细玻璃管或红白细胞计数管吸采。红细胞、白细胞计数和血红蛋白测定，按实验室常规方法进行。

2. 血清学检查 一般用于某些传染性疾病的诊断，通常用抗原、抗体反应的方法，检查未知的抗原或抗体，进而确定是哪一种传染病。目前常检查的是水貂阿留申病，从水貂后肢爪尖采血，做免疫电泳，判断被检个体是否为阿留申病阳性。诊断犬瘟热时，采用荧光法或酶标法。

（二）尿液检查

尿的收集：在水貂常排便位置的笼下斜放一个干净的搪瓷盘，当水貂排便时，粪便常悬在笼底以上，尿液流下取其候检。

1. 尿液颜色观察 正常水貂尿液呈浅黄白色，透明；含有红细胞尿液呈淡红色或咖啡色；含有多量胆色素时，呈褐色；肝、肾炎症明显，尿呈红褐色。

2. 尿的 pH 测定 水貂尿液在正常情况下，pH 为 6.0～6.5。泌尿系统发生炎症时，尿液呈碱性反应。取红色或蓝色石蕊试纸各 1 条，置于尿液中，若试纸由红变蓝为碱性反应；由蓝变红为酸性反应。

3. 蛋白质检查 健康动物尿液中含有微量的蛋白质或不含蛋白质。如果尿液中蛋白质含量明显，说明泌尿系统有炎症。水貂患阿留申病时，会出现蛋白尿。

4. 尿中有形成分检查 在显微镜下进行，观察红细胞、白细胞、管形、黏液丝及尿酸盐等，可以根据这些作辅助诊断。

三、尸体剖检

尸体剖检是诊断疾病的重要步骤，通过剖检可确定各内脏器官的病理变化，找出发病原因，认识疾病的实质。有条件的场应设有专门的剖检室，地面及墙壁应便于消毒，室内应设剖检台（或用搪瓷盘代替），准备好剖检器械（解剖刀、剥皮刀、解剖剪、外科刀、骨钳）、酒精灯、消毒液、工作服、胶靴、围裙、手套、记录本等。剖检人员应穿好工作服和胶靴，戴好手套、口罩。首先将动物尸体腹部向上，四肢固定在解剖台上。

1. 外表检查 注意尸体的营养状况、尸僵、天然孔及可视黏膜变化。尸体消瘦多见于慢性病，肥胖者多见于急性病。同时注意体表有无外伤、肿胀。

动物死后 6～10 小时尸体肌肉收缩变硬，称尸僵。尸僵顺序从头部开始至上肢、躯干、后肢，24 小时后尸僵开始缓解变软。尸僵不全多见于败血症；尸僵提前多见于急性死亡或肌肉发生剧烈收缩的疾病，如破伤风。

死于炭疽的尸体，天然孔出血呈煤焦油状；死于伪狂犬病的尸体口腔流出血样泡沫，舌有咬伤。

黏膜贫血、溃疡、坏死多见于水貂阿留申病；黏膜出血常见于巴氏杆菌病；黏膜黄染多见于钩端旋螺体。

动物心脏停止跳动后，由于重力的关系，血液流向最低部位，呈青紫色，内脏及皮肤均可表现，由此可确定动物死亡的姿势和位置。

机体死后由于酶的作用尸体很快腐败，又称自溶。腐败最快的是胃脏和胰腺。自溶后的尸体不能作诊断。

2. 皮下检查　先用消毒液消毒腹部皮肤，然后从耻骨缝向前剪开皮肤至颈部，剥离皮下组织，注意皮下脂肪颜色，黄脂肪病脂肪黄染。观察皮下有无肿胀、出血、浸润。

3. 剖腹检查　从肛门沿腹中线向前剖开，再沿肋骨前缘将腹壁横断切开。首先注意有无异味气体，蒜味为砷中毒，葱味为磷中毒。检查腹腔内有无渗出液，注意其颜色、数量；如有血液，多为内脏出血或内脏破裂；如有粪便或食物，多为胃肠穿孔、破裂。

4. 腹腔内脏检查　注意各内脏器官的大小、颜色、质度，有无出血、充血、瘀血、坏死、破裂等病变。注意肝脏的大小、颜色、硬度，小叶是否清晰。传染病常发生肝肿大、色变黄、质脆、肝小叶不清，还应注意有无脓肿、出血及切面变化。观察脾脏大小、颜色及切面情况。细菌性传染病常使脾肿大数倍；慢性阿留申病发生脾萎缩。观察肾脏颜色、大小、有无肿胀、包膜剥离情况、包膜下有无出血、坏死病变；纵切后观察切面皮质部和髓质部界线是否清楚，有无结石病变。观察浆膜的颜色、有无出血，然后用剪刀纵切观察胃肠黏膜变化。各种肠炎、中毒病多有充血、出血、溃疡灶。观察肠系膜淋巴结的颜色、大小及切面变化。注意膀胱浆膜及黏膜有无出血、肿胀及结石。注意子宫有无出血，胎儿情况。

5. 胸腔检查　沿胸骨两侧剪断肋骨，将胸骨及肋骨压向两侧，观察胸腔有无积液，注意积液性质，是浆液性、纤维素性，还是脓性，以便分析病情。观察胸膜与肺脏是否粘连。

6. 胸腔内脏的检查　注意心包有无积液，注意积液数量和性状；然后检查心外膜及冠状沟有无出血；再切开心房心室，观察心内膜及心肌变化。传染病及中毒性疾病常有出血。观察肺脏的颜色、大小、质度；切开气管及支气管，观察有无分泌物。将肺组织切下置于水中作漂浮试验，正常肺半浮于水面，水肿肺沉于水中；肝变肺沉于水底；气肿肺漂于水面。

7. 颅腔检查　剥开头部皮肤及肌肉，用骨钳掀开头骨露出脑，观察脑膜有无充血、瘀血、出血。狂犬病、脑病、中暑均出现脑膜充血或出血。

四、病料采集方法

当水貂饲养场发生传染病时，为迅速确诊，控制疫情，扑灭疫病，以减少不应有的损失，常采取病料送检，进行微生物学和病理组织学诊断。采取病料要有明确目的，怀疑是哪种传染病，就应采取相应的材料。一时弄不清是哪种病，就全面采取。采取病料一定要及时，要在动物死亡后立即进行，必要时可杀后采取。采取病料时用的器械和容器一定要经过消毒灭菌，操作时应避免污染，采取一种材料用一件器械和容器，不得混用。

（一）病料采取方法

1. 实质脏器　通常在病健交界处（病变部连同一部分正常组织），以灭菌剪刀采取约 1.5～2.0 厘米的组织 2 块。其中一块放 10% 福尔马林瓶内，供病理组织学检查用；另一块放灭菌容器内，供微生物学检查用。

2. 血液　由于检查目的的不同，采血方法也不一样。为供血清学检查用，可由静脉采血 5～10 毫升，沿管壁缓缓流下，防止产生气泡，斜放静止一定时间，待血液凝固后立即送检。一定要防止振动造成溶血。为了检查血象，可由尾尖或趾垫采取血液，直接涂片送检。

3. 脑组织　开颅后，将全部脑子取出，纵切两半。一半放 10% 福尔马林溶液的瓶内，供组织学检查；另一半放 50% 甘油生理盐水瓶中，供微生物学检查。在条件不允许情况下，可将头部取下，用塑料口袋装上包好直接送检。

4. 肠管　采取肠管时，必须连同其内容物一并采取。可在病变部肠管两端结扎，在结扎线外分别剪断，将其放入灭菌容器或塑料袋中送检。

5. 流产胎儿　因水貂胎儿体积较小，可将整个胎儿取出，放进塑料袋内包好，再放入桶内送检。

6. 脓汁、鼻液、阴道分泌物、胸水、腹水　对未破溃的脓汁及胸水、腹水，可直接用灭菌注射器抽取，放灭菌试管中；如脓汁黏稠，不能直接抽取，可向其脓肿内注射灭菌生理盐水适量后，再进行抽取，必要时切开脓肿吸取。对鼻液和阴道分泌物，可用灭菌棉棒蘸取后，放灭菌试管中存放送检。

7. 皮肤　用消毒后的外科刀刮取病变部位皮肤组织，放容器中送检。

（二）病料的送检

1. 可直接送完整的尸体　如果是短途送检，将已死亡的水貂装到放有冰块的纸箱中，封严送检，时间不要超过 12 小时；若为长途送检，必须对新死亡的尸体预冻，然后装在保温箱中，再冰镇后送检。

2. 病料送检　盛病料的器具可用灭菌的三角烧瓶或一次性密封袋。

用于细菌学检查的脏器病料一般要求保存在 30% 甘油生理盐水中；用于病毒检查的病料应保存在 50% 甘油生理盐水中；用于病理组织结构和超微结构检查的病料应保存在 10% 戊二醛溶液中。如果养殖户没有条件达到上述要求，至少要将采集的新鲜病料放于一次性密封袋中，封严后将其放入有足量冰块的保温瓶或保温箱中，立即送检。送检多个水貂病料时，同类脏器应分别放入单独的容器或密封袋中并标号，以免混淆。以甘油生理盐水或戊二醛溶液保存的病料常温下送检即可。

送检人员必须了解水貂的整个发病情况或有详细的记录，最好是现场技术人员亲自送检，以便提供水貂发病过程的全部信息，有助于实验室诊断工作者有目的地进行检验，快速得到诊断结果。

第四节　水貂疾病治疗方法

水貂一旦发生疾病，应及时、正确地进行治疗，提高病貂机体抵抗力，促进病貂早日恢复健康。

一、治疗的基本原则

1. 整体治疗原则　动物体是一个复杂、具有内在联系的整体。每一种疾病，不管其表现的局部症状如何明显，均属整个机体的疾病。因而，治疗疾病必须从整体出发，应用一切必要诊断方法，尽量在复杂的疾病过程中，找出病貂机体内的主要矛盾方面和次要矛盾方面，以整体作为对象去研究和解决各器官系统之间的失调关系，从而加以统一。

2. 个体治疗原则　同一疾病发生于不同动物个体，其病情表现可能很不一样。因此，治疗病貂时，一定要根据具体情况（年龄、性别、体质强弱等），制订不同的治疗方案。不仅对于相同疾病的不同个体，应该从病貂的个体体质出发考虑治疗方法，就是在同一个体上，也要随着病情变化，拟定相应的治疗措施。

3. 综合性治疗原则　要在充分考虑机体完整性和机体与外界环境统一的基础上采取综合性治疗措施，即首先要查明病因，采用中西医结合、针药结合、药疗与理疗结合、内服与外敷结合等方法消除病原，同时加强饲养管理，搞好环境卫生，精心护理，促进病貂尽早恢复机体健康。

4. 主动性治疗原则　动物自身虽有许多保护能力，但也不能代替积极和主动的治疗措施。一旦发病，必须针对病原、病因和各种症状及时采取相应的治疗措施。同时应该积极关注病程发展，在治疗过程中随时调整治疗方案。

二、治疗方法

（一）药物疗法

药物疗法，主要是增强动物机体抵抗力，协助机体与病原进行斗争，促进病貂迅速恢复健康的一种手段。药物治疗必须在加强饲养管理的基础上，才能使病貂迅速恢复健康。使用药物时，必须充分了解各种药物的性质、用量及使用方法。由于应用药物的目的和方法不同，所以药物疗法分为病因疗法、病原疗法和对症疗法。

1. 病因疗法 是针对疾病的发生机制，以促进器官和组织的功能障碍恢复，提高机体反应性及保卫机能，使病貂迅速痊愈为目的的治疗方法。例如，为提高机体兴奋性常用咖啡因，反之则常应用溴剂；提高解毒功能常用葡萄糖；为减轻疼痛及其引起的不良刺激常用奴夫卡因等，均属病因疗法。

2. 病原疗法 是针对引起疾病的病原因素用药，以保持机体的防御机能与病原进行斗争的治疗方法，如传染病的病原有病菌、病毒或寄生虫。针对这些病原需采用相应的免疫血清、抗生素或化学药剂等进行治疗。

3. 对症疗法 是根据病理过程中所出现的某些症状来应用药物的治疗方法，目的是影响一定的病理现象，帮助机体恢复正常。例如，心脏衰弱时用强心剂；气管或支气管有渗出物时用祛痰剂；长期下泻不止时用收敛剂等。

（二）食饵疗法

食饵疗法就是在疾病过程中，选择适当的饲料（或适当绝食），满足病貂特殊的营养需要，以促进病貂痊愈，达到治疗的目的。如水貂发生胃肠炎时，若怀疑是由某种饲料成分引起的，则将有害的成分停喂，喂给有利肠炎康复、刺激性小、易消化的蛋类和乳制品等；又如为控制兽体过胖，可每周绝食1次。

由于水貂野性强，在一般情况下，不宜捕捉进行其他治疗，采用食饵疗法常能收到满意的效果。

（三）特异性疗法

采用针对具有抑制或造成不良条件乃至能杀死病原体的

药物进行治疗，亦称针对性的治疗（特异性治疗方法），在兽医实践中广为应用。根据用药目的和使用的药物不同，特异性疗法可大体分为抗生素疗法、磺胺类药物疗法、免疫血清疗法、类毒素、抗毒素疗法和疫苗疗法等。

1. 抗生素疗法　利用抗生素进行治疗疾病的方法，称为抗生素疗法。如 β 内酰胺类（青霉素类和头孢菌素类）、四环素类、氨基苷类（链霉素、新霉素、庆大霉素、卡那霉素等）、大环内酯类（红霉素、麦迪霉素、螺旋霉素、乙酰螺旋霉素等）、多肽类、林可霉素类抗生素。临床上常用青霉素治疗革兰氏阳性菌病，应用链霉素治疗革兰氏阴性菌病。但抗生素的特异性没有免疫血清那样严格，有些抗生素抗菌谱很广。为提高抗生素的疗效，在应用中必须掌握如下原则。

① 不少疾病尤其是细菌性疾病，病原不同，但所引起的症状却相似或相同。不确诊病原，很难达到有针对性治疗的目的和效果。

② 有些疾病可能用广谱抗菌药就能奏效，但广谱抗生素并非万能药，还是应先确认病原，再根据药敏试验筛选对症药物，才能有显著疗效。

③ 用药剂量要严格按照药典标准，不要盲目增加剂量，以防发生毒副作用。

④ 按疗程、规程用药。如青霉素等抗生素，按规程每 6 小时用药 1 次，以保持药物在体内的浓度。如果间隔时间过长，会降低疗效；如果见好就收，临近痊愈就停止用药，往往会出现反复现象。

⑤ 注重个体治疗和大群预防。出现发病个体时，往往是全群继发感染的危险信号。应当机立断对大群水貂采取防

范措施，防止疾病发生蔓延，不要只注重患病个体的治疗而忽略大群水貂的预防。

⑥ 对较严重的疾病可采取几种抗生素联合疗法，效果较好。如青霉素和链霉素常联合应用。但不能随意联合使用，因为有的抗生素在联合使用时对水貂会产生不良后果，有的则容易产生抗药性。

2. 磺胺类药物疗法 磺胺类药物是一种化学合成物质，在兽医临床上具有重要地位，对某些疾病，如肺炎、肺坏疽、肠道疾病、肾炎及尿路感染等均有较好的疗效，特别是与抗生素交替使用，疗效更为显著。在使用磺胺类药物时应注意以下几点。

（1）药量要足 为获良好效果，必须早期用药并保证足够的药量。因为只有在患病动物体内达到足够的浓度才能奏效，否则不但不能消灭细菌，反而会使细菌产生耐药性。所以口服第一次用量应加倍，以后改为维持量，每 4～6 小时服 1 次，注射时 1 日 2 次（早、晚各 1 次），可连用 3～10 天，一般 7 天为 1 个疗程。临床症状消失或体温下降至常温 2～3 天后停药。

（2）防止蓄积中毒 磺胺类药物具有蓄积作用，长期用药易引起中毒，特别是磺胺噻唑。中毒的表现是结膜炎、皮炎、白细胞减少、肾结石、消化不良等。因此，用药期间要注意观察患病动物的食欲、粪便和排尿情况，必要时进行血常规检查。发现有上述可疑现象要及时停用，改用其他抗生素。为减少刺激和尿路结石，常与等量碳酸氢钠配合使用。有肝脏、肾脏疾病的动物禁止使用磺胺类药物。

（3）配伍禁忌 磺胺类药物不得与硫化物、普鲁卡因及乙酰苯胺同时使用。长期用药时，应补充维生素制剂，尤其是补给维生素 C。

（4）静脉注射　磺胺类药物时，注射前对药液必须加温（大约与体温相同），注射速度要缓慢，否则容易引起休克而死亡。尤其对老弱病貂更应特别注意。一经发现有休克症状，应立即皮下或静脉注射肾上腺素溶液抢救。

3. 血清疗法　是利用细菌或病毒免疫动物所制得的高免血清治疗某些相应疾病的方法。血清疗法具有高度的特异性，每种血清只能治疗相应的疾病。如犬瘟热高免血清只能治疗犬瘟热；巴氏杆菌免疫血清只能治疗巴氏杆菌病。免疫血清不仅有治疗作用，还具有短期的预防作用。应用时要先做小群试验，避免产生不良后果。

4. 类毒素疗法　把某些细菌产生的毒素经过处理，使其失去毒性，但仍保持其抗原性，用来预防和治疗相应疾病的方法。如肉毒梭菌可以在肉类饲料上产生一种毒素，经过处理使它失去毒性以后，可以治疗水貂肉毒梭菌毒素中毒。

5. 抗毒素疗法　抗毒素是利用类毒素免疫动物所获得的高免血清。利用这种血清可以治疗某些相应的疾病，如破伤风抗毒素可以治疗破伤风病。

6. 疫苗疗法　是利用某种微生物制成死菌（毒）或活菌（毒）弱毒疫苗，用来预防和治疗相应的疫病。疫苗不仅有预防疾病的作用，而且在某种程度上也有治疗作用。例如在水貂犬瘟热紧急接种后，有一些轻症病貂注射疫苗后很快痊愈。

三、给药方法

给药方法与途径的正确性，直接影响药物的作用和治疗效果。为使药物在动物体内充分发挥疗效，可采用不同方法和途径把药物送到动物体内。根据药物的性质、作用和治疗目的，水貂常用的给药方法有如下几种。

（一）口服法

口服法（内服法）是水貂广为采用的给药方法。其优点是简便而安全，主要通过机体正常采食的途径，可使用多种剂型（丸、散、膏、丹）投药。缺点是药物常被胃肠内容物稀释，有的会被消化液所破坏，而且吸收缓慢，吸收后需经过肝脏处理，因此难以准确估计药物发生效力的时间和用量。水貂一般多采用自食和舐食法，胃管投药法和灌服法很少应用。

（二）注射法

为使药物迅速生效，有的药物制成针剂可实行注射给药。常用的注射法有皮下注射、肌内注射、静脉注射和腹腔内注射等。

1. 皮下注射　对无刺激性的药物或需要快速吸收时，可采用皮下注射法。注射部位以选择皮肤疏松、皮下组织丰富而又无大血管处为宜。水貂常在肩胛、腹侧或后腿内侧，幼貂在脊背上。注射时不必剪毛，用 70％酒精充分消毒术部即可注射。用左手拇指和食指将皮肤捏起，使之生成皱襞，右手持注射器，在皱襞底部稍斜向把针头刺入皮肤与肌肉间，将药液推入。注射完毕，拔出针头立即用酒精棉球揉擦，使药液散开。在水貂补液时多用此法。

2. 肌内注射　肌肉组织较皮下吸收药物的速度慢。因此，凡是企图缓慢吸收，或不能用于皮下注射的刺激性较强的药物及油悬液，可作肌内注射。可在肌肉丰满的后肢内侧、颈部或臀部注射。注射部位用酒精棉球消毒，以左手食指与拇指压住注射部位肌肉，右手持注射器稍直而迅速进针。

3. 静脉注射 若注射药液刺激性太大，或需使药物迅速奏效时，可采用静脉注射。水貂体型太小，静脉不好找，尚无静脉注射部位。静脉注射一定要严格消毒，并防止药液遗漏在血管外和注入气泡。

4. 腹脏内注射 腹膜面积大、吸收快，其药物作用速度仅次于静脉，一般用于治疗腹膜炎等腹腔疾病或补液。此法多用于水貂补液。注射前先将动物呈倾斜式（头朝下，腹部朝上，半斜状态）保定，然后在耻骨前缘和脐部之间，腹白线一侧，经局部消毒后，用 14～16 号针头，垂直刺入，依次穿透腹壁。针头内不出现气泡、血液及肠内容物，说明针头刺入正确。

腹腔注射时，所用器具和局部皮肤必须严格消毒；针头不能刺入太深，角度不能太小，否则易刺入皮下；注射的药物，应为无刺激的等渗注射液，并将药液加温至接近体温；注射速度不能过快，以免引起呕吐反应。水貂注射量不能超过 20 毫升。

（三）直肠灌注法

将药液通过肛门直接注入直肠内，常用于水貂麻醉、补液和缓泻。大多应用人用导尿管，连接大的玻璃注射器作为灌肠用具。先将肛门及其周围用温肥皂水洗净，待肛门松弛时，将导管插入，药液放注射器内推入。以营养为目的时，灌注量不宜过大，以 25～100 毫升为宜，而且药液温度应接近体温，否则容易排出。以下泻为目的，则剂量可适当加大（以 50～200 毫升为宜）。

水貂常见的病毒性疾病有犬瘟热、病毒性肠炎、伪狂犬病、传染性脑炎和阿留申病。

一、水貂犬瘟热

【病原】犬瘟热是由副黏病毒科麻疹病毒属犬瘟热病毒引起的急性、热性高度接触性传染病。犬瘟热病毒，属副粘病毒科麻疹病毒属，又称麻疹犬瘟热群。

【临床症状】病状的主要特点是双相型发热，黏膜炎症。典型症状是眼结膜炎、脓性鼻炎、肛门外翻、爪肿大等。常伴有肺炎、肠炎、皮屑（有特殊的腥臭味），偶有神经症状，具有较高的发病死亡率。本病潜伏期为 2 天至 3 周。据临床症状分为卡他型和神经型两种。

【治疗】可用磺胺制剂和抗生素治疗犬瘟热并发症，以延缓病程，促进痊愈。因此，要及时施用抗菌消炎药物对病貂进行对症治疗。发生肠炎时，内服氯霉素或金霉素 0.1 克，每日 2 次。如合并肺炎，则注射 20 万单位青霉素或 0.1～0.2 克磺胺嘧啶钠。治疗期间，必须提高日粮质量，增加乳类和肉类饲料，并采取切断疫情蔓延措施。

【预防】水貂犬瘟热传染性强、危害大，不易扑灭和治疗，因此必须做好日常性预防工作。接种疫苗是预防和控制本病的根本办法。成年貂应在每年 12 月至翌 1 月，幼龄貂在 2 月龄时各进行 1 次预防接种。但只靠预防接种还不够，必须把预防工作的重点放在消灭一切传染源上。禁喂来自犬瘟热疫区的饲料；切勿从发生过犬瘟热的貂场选购种貂，新调入的种貂，在进场前应隔离观察 1 个月，确认健康后方能进场饲养；对患过犬瘟热的病貂，年底一律淘汰取皮；发生犬瘟热的貂场，应立即封锁，隔离病貂，食具、工具如串貂箱、捕抓手套等用具彻底消毒。

流行病学调查显示，某一地区水貂犬瘟热的流行大部分由貉开始，貉比狐和水貂对犬瘟热更易感，养貉的养貂场内水貂得犬瘟热的风险更大。

二、水貂病毒性肠炎

【病原】水貂病毒性肠炎又称为泛白细胞减少症或传染性肠炎，是当前养貂场流行的一种危害性较大的急性传染病。病原是细小病毒科细小病毒属的水貂肠炎病毒。

【临床症状】本病的特征是白细胞减少，胃肠黏膜呈急性、卡他性、出血性炎症和坏死变化。病毒性肠炎是以出血和坏死及急剧腹泻为主要症状的急性病毒性传染病，幼貂发病率和死亡率较高。典型症状是高热、呕吐、腹泻，排出混有血液、黏液（多呈乳白色，少数鲜红色或红褐色、黄绿色）的水样或管状粪便。

【治疗】目前尚无治疗本病的有效药物。对病貂采用磺胺类制剂和各种抗生素治疗，虽对肠炎病毒无效，但可控制继发感染。凡经药物治疗的病貂，一般都能加速康复，减少死亡。

【预防】接种疫苗是预防本病最有效的办法。成年貂在

1月，幼貂在 6—7 月接种病毒性肠炎疫苗或病毒性肠炎和肉毒梭菌类毒素联合疫苗。

为预防本病的发生，水貂场应经常进行驱赶鸟类、灭蝇和灭鼠工作；由于猫的泛白细胞减少症的病原也能感染水貂发生病毒性肠炎，所以应禁止猫和其他动物进入貂场。发生过病毒性肠炎的水貂场要进行严格的消毒工作，以防翌年再度发病。笼舍、地面用 0.3% 甲醛消毒，饮食具、工具和用品用火碱、甲醛消毒，粪便应运至远离貂场地方用生物发酵处理。患过该病的水貂，年终一律淘汰，严禁留作种用。

三、水貂伪狂犬病

【病原】伪狂犬病又称阿氏病，是由疱疹性病毒引起的急性传染病，常呈地方性流行，死亡率达 74%。本病虽然不是一种常见的传染病，然而一旦发生，能够在短期内使水貂场遭受重大损失。

【临床症状】传染源是患伪狂犬病的动物。对此病易感染的动物有犬、猫、羊和猪，成年猪是隐性传染的带毒者。水貂伪狂犬病的暴发流行主要是喂饲患伪狂犬病动物的肉及其副产品而引起，也会通过老鼠、昆虫传播。该病潜伏期 3～4 天。病貂食欲锐减或废绝，体温升高到 40.5～41 ℃。病貂发病初期就出现持续时间长短不同的强烈精神兴奋、痉挛和昏迷。多数病貂腹泻，口部流出大量的泡沫和血液，下颌麻痹，舌头伸出口外，身体失去平衡，步态不稳。后期出现后躯麻痹，公貂阴茎脱出。少数病例口部有奇痒症状，常用爪搔头顶、颜面部，致使口鼻周围有血迹。病貂死前多发生抽搐和翻滚，发出尖叫声或嘶哑声死去。粪便一般无明显变化，病貂都在拒食 12 小时内死亡，病程极短。

【治疗】目前尚无治疗伪狂犬病的特效药。只能在发病的早期防止继发性细菌感染，降低死亡率。最好的办法就是及时发现并确诊，马上采取紧急接种本病的疫苗。

【预防】使用伪狂犬病疫苗或伪狂犬病-C 型肉毒梭菌类毒素联合苗预防接种，可收到满意的预防效果。

当发生伪狂犬病时，应立即停喂可疑带有伪狂犬病毒的饲料，并对貂场进行消毒。经常开展捕鼠灭蝇工作，预防老鼠污染饲料。

四、水貂阿留申病

【病原】阿留申病是由阿留申病毒引起的一种病毒性传染病，又称为浆细胞增多症或丙种球蛋白（γ 球蛋白）过多症。

【临床症状】典型症状是病貂渐进性消瘦，口渴暴饮，嗜眠，贫血，口腔黏膜溃疡、出血，排煤焦油状粪便，大部分病貂因肾衰竭而死亡。典型症状者确诊并不难，但临床上对尚未出现症状的隐性貂，只有进行实验室检查方能确诊。

本病的特点是潜伏期长，急性病例 2～3 天便死亡。慢性经过时，病貂食欲减退，烦渴贪饮，冬季常伏在水盒上啃水吃。随着病情的发展，口腔黏膜出血，逐渐恶化，极度消瘦、贫血、精神沉郁、步态蹒跚、嗜眠、眼凹陷、被毛蓬乱、失去光泽，粪便呈沥青样，病后期口渴加剧，几乎整日伏在水盒上狂暴地饮水。中枢神经受害时呈现脑膜炎症状、共济失调、痉挛、轻瘫或全瘫。有些病貂在口腔黏膜、唇、硬腭或舌面上出现小出血点和溃疡灶。由于体质过度衰弱，在晚秋气温突变时最易死亡。

【治疗】本病无特效疗法，通常措施是对患貂加强饲养管理，在气温急剧变化时，注意小室保温，合理使用抗生素，控制继发感染，但不要用磺胺类药物，以免加重肾脏的损伤。采取这些措施，尽可能使患貂活到取皮季节屠宰淘汰。

【预防】预防和控制病情发展是根本的办法，通过逐年的血液学检查淘汰患貂。若血检中发现亲代一方或子代中有一只为阳性，取皮时，应将双亲及全部幼貂屠宰淘汰。消灭传染源是预防本病的根本办法。年终、配种前和产仔前，对全貂进行一次消毒。养过患貂的铁笼、小室、饮食具等，只有在严格消毒后才能饲养其他健康水貂。对水貂注射药物和疫苗时，要注意针头的消毒。

五、水貂传染性脑病

【病原】水貂传染性脑病是由朊病毒引起的死亡率很高的慢性或亚急性传染病。

【临床症状】该病特征是患病貂脑出现海绵样变性，非炎症变化。成年貂多发，1岁以内的幼年貂和仔貂不发病。秋末冬初多发，一年四季可发病，死亡率达100％。病毒主要经消化道感染，通过胎盘可垂直感染；一般通过带毒的粪便和尿液传播。经胃肠感染，潜伏期7～8个月，非经胃肠感染潜伏期5～7个月。首先，病貂失去正常的卫生习惯，不在原来固定位置排粪便，小室污秽不洁。继而吃食和吞咽困难。易受刺激而兴奋，动作不协调，尾巴常向背上翘起，形如松鼠，常作圆圈运动或绕笼子无目的地来回运动。后期以上症状加重，运动失调，肌肉震颤，有时出现惊叫，咬尾部或笼，有时出现沉郁和睡眠状态。病程28～50天即死亡。解剖检查，无肉眼可见的病例变化。在神经症状发作之后，病貂陷入昏迷状态。常发现病貂用牙紧咬铁丝网而死亡。由于病貂消瘦，气温变化时常加速其死亡。此病转归不良，很少发现有痊愈的病例。

【治疗】目前无有效的治疗方法。

【预防】不从出现该病或痒病的国家或地区引种或购进动物性饲料，注意对有可能受感染的貂和养殖场进行清洁消毒和严密隔离，有助于防止该病传播。隔离病貂，对病貂和可疑病貂所接触过的笼舍用喷灯、2％漂白粉进行消毒。清除并焚烧病貂笼下的粪便。

第六节　水貂细菌性疾病

水貂常见的细菌病包括炭疽、脑膜炎、巴氏杆菌病、大肠杆菌病、克雷伯氏菌病、绿脓杆菌病、沙门氏菌病、链球菌败血症等。

一、水貂炭疽

【病原】炭疽是由炭疽杆菌引起的急性、热性、人畜共患的传染病。

【临床症状】该病的流行特点是超急性，发病率高，死亡快。炭疽杆菌是长5～8微米、宽1～1.5微米的大杆菌，菌端呈直角。革兰氏染色阳性，无运动性。在动物体内多为短链，并能形成荚膜，人工培养能形成长链，类似竹节状。

炭疽杆菌的特征是能形成芽孢，这种芽孢通常在细菌离开尸体后与氧接触时形成。

炭疽杆菌生长型抵抗力不大，在 50～55 ℃条件下 1 小时即可被杀死。阳光对它有杀灭作用，对一般消毒剂的抵抗力也很弱，但一经形成芽孢，抵抗力极强。患炭疽的病貂以及生吃患炭疽死亡的牲畜肉，保留有芽孢的肉及其副产品是水貂场发生炭疽的主要原因。水貂饮用被炭疽芽孢污染的水也有被传染的可能。

潜伏期通常 1～3 天。患貂突然发病，看不到前驱症状，突然死亡。从呈现病状到死亡几乎只有几十分钟。病初体温急剧升高，口吐白沫，全身虚弱，行走摇晃，有渴感，拒食。多数病例出现似咖啡色的血尿。下痢，有时混有血液。大约有 10%的病貂从鼻孔流出鲜红色血液。不久患貂出现呼吸困难、抽搐、死亡。

【治疗】免疫马血清是特效药物，每次皮下注射 10～15 毫升，仔貂 5～10 毫升，可连续注射 2 次。青霉素 20 万单位，一次肌内注射。青霉素与免疫血清合用，皮下注射。土霉素 10 万单位每日一次肌内注射。

【预防】死于炭疽病的水貂一律焚烧或深埋，不许剥皮出售。发生炭疽水貂场的场地、饲料室、笼舍、食盆、水盒，以及与患貂或与炭疽杆菌污染的饲料接触过的一切用具需严格消毒。场地用 10%氢氧化钠热溶液，20%漂白粉消毒。每隔 1 小时消毒 1 次，连续消毒 3 次。饲料加工机械、盛具、饮食具可用蒸汽消毒，其他适宜浸泡的东西可放于 2%甲醛溶液中浸泡数小时，然后用水冲洗干净。把好饲料关，禁喂怀疑有炭疽病的病畜肉和内脏是预防水貂炭疽病的根本措施。炭疽病是人畜共患的烈性传染病，在诊断、治疗和尸体解剖过程中，一定要注意人身安全和避免环境污染。一旦确诊，应立即向当地卫生防疫部门报告。

二、水貂沙门氏菌病

【病原】水貂沙门氏菌病多是由猪霍乱沙门氏菌、肠炎沙门氏菌、鼠伤寒沙门氏菌和鸡白痢沙门氏菌引起的一种败血病或以急慢性肠炎为特点的传染病。

【临床症状】本病以发热、下痢、脾脏显著肿大、肝脏变性为特征。本病具有明显的季节性，多发生于 6—8 月，呈地方流行性或散发。死亡率高达 45%～60%。

本病在自然情况下常在畜禽间流行，水貂发病多是由于利用患沙门氏菌病的畜、禽肉类和副产品作为饲料而引起的。沙门氏菌可随患病及带菌畜禽的粪尿排出体外，有时周期性地由乳汁排出。水貂饲料和饮水如果被沙门氏菌污染，或利用含有沙门氏菌的乳喂貂，也可造成传染。本病的发生与饲养管理不善，饲料营养不全，卫生条件不好，气候突变、受寒感冒，仔貂断奶后饲料质量低劣、发育不良等都有一定关系，因为这些情况使水貂抗病力下降。自然感染潜伏期为 3～20 天，平均为 14 天。本病在临床上表现为急性、亚急性和慢性三种。

（1）急性　病貂拒食，精神沉郁，体温升高到 41～42℃。常见躺卧或屈背站立，眼半闭流泪，行动缓慢，有时呕吐或下痢。最后昏迷、麻痹，经 10～15 小时死亡，病程稍长者 2～3 天死亡。

（2）亚急性　出现与急性同样的症状，一般表现较轻，但下痢较为明显，稀便中带有黏液，有时混有血液。病貂迅速消瘦，绒毛蓬松无光泽，眼球凹陷，有时患结膜炎。四肢无力，行走摇摆，后肢轻瘫，多经 7～14 天衰竭而死。

（3）慢性　水貂较少见。病貂食欲不好，腹泻粪中带有黏液，明显贫血，眼球凹陷，毛绒蓬乱无光泽，极度衰弱，经 3～4 周死亡。死貂脾脏高度肿大（6 倍左右），呈暗褐色或暗红色。肝脏肿大，带有土黄色。肾脏稍肿，小肠黏膜肿胀，肺脏没有明显变化。

【治疗】①合霉素或氯霉素 0.1 克，一次口服，可连服 5～7 天。②磺胺甲基嘧啶 0.2 克，加入饲料中，连续服用 8 天。③新霉素和左旋霉素每天幼貂 8～10 毫克，成年貂 20～30 毫克，混于饲料中，连服 7～10 天。④维持心脏机能可皮下注射 20% 樟脑油，仔貂 0.2～0.5 毫升，成年貂 1 毫升。⑤对拒食病貂皮下注射 10% 葡萄糖液 10～20 毫升，用鸡蛋和牛奶进行人工饲喂。

【预防】预防水貂沙门氏菌病要禁用患沙门氏菌病的畜禽肉及其副产品喂貂。对可疑肉类和被沙门氏菌污染的饲料，必须煮熟后利用；鱼、肉类饲料在运输、储藏、加工过程中，不要接触地面及污物，防止污染。各种饲料在绞制前必须保持干净；加强妊娠期、哺乳期母貂和断奶初期仔貂的饲养管理，给予优质易消化饲料，促进仔貂的正常发育，以增强其抗病力；患过沙门氏菌病的带菌貂，不能留种，也不能作为种貂调出；发生沙门氏菌病的貂场，对病貂应立即隔离饲养，加强护理。被病貂污染的笼舍、场地、食具、工具等应进行消毒。貂场一旦发生本病，应立即停喂可疑饲料，改善饲养管理，供给合乎卫生要求的新鲜肉、肝、血等易消化、适口性强的饲料。

三、水貂脑膜炎

【病原】貂脑膜炎是由脑膜炎奈瑟氏球菌即脑膜炎双球菌引起的一种急性传染病。

【临床症状】该病的特征是突然死亡且有脑膜炎和出血、败血症出现。每年 3—4 月多发，通过患病和隐性带菌貂接触传染。患病初期食欲减退，精神沉郁，口渴，消瘦，眼窝下陷，常卧地。心跳和呼吸加快，体温升高至 40.5～41 ℃。消化不良，粪便变稀，带血、黏膜，呈墨绿色。在患病后期出现抽搐、痉挛等神经症状，严重者死亡；不严重者逐步变为高度消瘦。剖检可见脑膜充血，大脑、小脑及颅底有出血点；胸膜、心肌及心冠状周围有出血点；肺出血，肺边缘有气肿现象，肺门淋巴结肿大，气管黏膜充血；肝、肾、脾肿大、出血，变颜色，肝变为黑红色，脾变为黑紫色；肠系膜淋巴结肿大，小肠发生卡他性、出血性肠炎。根据临床症状和剖检发现的病变可初步确诊。

【治疗】每只 20 万单位青霉素和 10 毫克链霉素作肌内注射，每天 2 次，连用 5～7 天。对未发病的同养殖场内的貂，在饲料中添加复方新诺明 0.3 克/只，每天 1 次，连用 5～7 天。

【预防】对患貂及时隔离。定期消毒场地、用具、工作服，加强饲养管理，增加貂的饮食营养，在多发病季节多加 B 族维生素、维生素 C 等。

四、水貂肺炎球菌病

【病原】水貂肺炎球菌病是由黏液双球菌引起的一种急

性传染病。

【临床症状】临床上以脓毒败血症为特征。发病率和死亡率都很高。病貂食欲废绝，精神萎靡，不爱活动，经常躺卧在小室或笼子内。行步摇晃，屈曲前肢，拱背，呈现腹式呼吸，从鼻孔流出含有血样分泌物。个别病貂下痢。主要病变表现在呼吸道。肺脏增大、充血，呈局部性硬变。气管和支气管内有出血性、纤维素性和黏液性渗出物。胸腔、腹腔和心包内有化脓性渗出物。

【治疗】①磺胺二甲基嘧啶 0.03～0.1 克，一次口服；青霉素 20 万单位，一次肌内注射，每日 2 次；②可用抗犊牛和羔羊双球菌病血清皮下一次注射 5 毫升；③进行对症治疗，对拒食病貂用 5%～10% 葡萄糖溶液、维生素 C、B 族维生素进行补液。④心肌衰弱时可用樟脑油。

【预防】控制进场饲料，特别注意检查犊牛、羔羊的肉和内脏。患双球菌病家畜的肉和内脏禁止喂貂。可疑肉类饲料及其他被污染的饲料，应煮熟后利用。发生本病时，应立即停喂可疑饲料，更换优质新鲜饲料和补加维生素饲料，以增强其抗病力。经常观察貂群，发现病貂立即隔离治疗。对污染的笼舍，用喷灯进行火焰消毒或用 3% 福尔马林溶液进行消毒。对食具等，煮沸消毒。

五、水貂链球菌病

【病原】水貂链球菌病是由病原性链球菌引起的一种传染病。利用患链球菌病畜的肉和内脏作为饲料，是水貂发生链球病的主要原因。被污染的牛奶、蔬菜、饮水、垫草等也能造成传染，这是不可忽视的。口腔黏膜的刺伤和皮肤的创伤，受链球菌感染也能引发本病。由于饲养管理不当、饲料营养不全等原因致使机体抵抗力下降，能促使本病的发生和发展。

【临床症状】在临床上病貂多呈脓肿型，也有的呈现组织器官的炎症和败血症。本病多散发，很少呈地方性流行。

本病潜伏期一般为6～16天。在临床上病貂常表现为脓肿型，在头部和颈部发生脓肿。也有的呈现肺炎、肋膜炎、腹膜炎、子宫内膜炎、乳房炎，最后导致败血症。链球菌引起脑膜炎时，常出现一系列神经症状，行走摇摆，共济失调，有的突然倒地，呈现强直性痉挛，头向后仰，四肢伸展，肌肉紧张，持续发作2～3分钟后，逐渐转入正常，但经几小时后又重新发作。病程多为3～36小时。

主要病变可见脾脏肿大、暗红，有小点出血。肝脏充血、肿大，呈暗红色带有浅黄色，散布坏死灶。肾脏肿胀，有出血斑点，间有脓性坏死灶。胃肠黏膜充血、出血。慢性病例关节脓肿，肺、肝、肾及其他器官常见有转移性小脓肿。

【治疗】青霉素、红霉素、磺胺类药物治疗有效。①青霉素20万单位，每天1～2次；②红霉素50～100毫克，一次肌内注射；③磺胺嘧啶钠0.1克，一次肌内注射；④当心脏衰弱时注射樟脑油0.5～1毫升，一次皮下注射；⑤发生脓肿时，应切开排脓，用0.1％过锰酸钾溶液或双氧水冲洗后，撒上消炎粉。

【预防】严格控制进场的肉类饲料，对可疑饲料进行实验室检验，以确定有无溶血性链球菌；或煮熟后喂貂。所用垫草要求为来自无链球菌病地区的柔软无刺的草。当貂场发生本病时，应加强饲养管理，逐头观察貂群，发现病貂立即隔离治疗。污染的笼箱、食具、工具、场地，应进行消毒。

六、水貂兔热病

【病原】兔热病是由土拉杆菌引起的一种人畜共患传染病。水貂常呈地方性暴发流行，死亡率高，损失大。兔热病的主要传染源是患病的野兔和其他啮齿类动物的肉、内脏、排泄物，以及被排泄物所污染的饲料、饮水、饮食具、工具等。吸血昆虫也可传播兔热病。

【临床症状】如果是由于喂患兔热病的各种动物肉或内脏而引起发病，则多呈全群发病。前期发病的水貂呈急性败血型，表现为患貂突然拒食，体温升高达41℃以上，精神委顿，眼睛发红或发蓝，呼吸极度困难，后躯失灵，不久卧地死亡。后期发病的水貂多转为慢性型，患貂精神沉郁，不愿活动，拒食或食欲减少，步态蹒跚，粪便带有黏液，有时呈血便。各淋巴结高度肿胀以致颈部变粗，严重者化脓，经过治疗多能康复。

急性经过的水貂，体况中上等，皮下有脂肪。肺有出血点和炎症变化。心肌迟缓。脾脏肿大3~5倍，有出血点。肝、脾有黄白色坏死灶。慢性经过的水貂，咽后和肩前淋巴结肿大化脓，有时可以从颈部淋巴结抽出许多脓汁。肠系膜淋巴结肿大5~8倍，大网膜出血，胃肠内含血液，肾有小出血点。

兔热病可根据呼吸困难，淋巴结肿大、化脓，肝、脾有坏死灶等作出初步诊断。先除去可疑饲料，更换新鲜、营养价值高的饲料。

【治疗】对患病水貂注射卡那霉素、庆大霉素、青霉素，口服合霉素。对已化脓的淋巴结切开按脓肿处理。

【预防】已发生兔热病的水貂场要及时进行消毒，并注意防止水源和其他饲料的污染。在利用野兔和其他啮齿类动物作水貂饲料的水貂场，应加强对这些饲料的兽医卫生检查。可疑饲料，特别是病死的兔肉及其下脚料、内脏一定经高温处理后喂貂。

七、水貂绿脓杆菌病

【病原】绿脓杆菌病又称假单胞菌性肺炎、绿脓杆菌病、假单胞菌病，是由铜绿假单胞菌引起的一种地方性流行、条件性、急性传染病。

【临床症状】主要特征是发生出血性肺炎。该病在秋季气候多变、寒冷潮湿，貂抗病力下降时多发，一般经鼻、口感染，经患貂的粪便、尿液及分泌物传播。幼貂较成年貂敏感，其中公的幼貂较母的感染率高。最急性型未见症状突然死亡；急性型采食减少或停止采食，体温升高，呼吸困难，死前耳、鼻、口出血。发病率 $10\% \sim 30\%$，死亡率 $50\% \sim 60\%$。患病貂急性发作，出现精神沉郁，食欲差至废绝，体温升高，呼吸急促或困难，流泪、鼻液，一般发病后 $1 \sim 2$ 天内死亡。

剖检可见肺发生炎症，包括出血性、化脓性、坏死性、大叶性、纤维素性肺炎；肺充血、出血；支气管、气管出血，硬变，严重的呈大理石样；胸腺出血，呈紫红色；淋巴结出血、水肿；肝微肿、出血，呈土黄色；脾明显肿大出现，呈紫红色；胃肠、肾也有出血现象。

【治疗】①发现早且病重者可每千克体重用头孢曲松钠1.5毫升，肌内注射2～3天；②阿莫西林0.05克＋氧氟沙星0.1克，肌内注射；③磺胺嘧啶钠＋多黏菌素；④氧氟沙星＋新诺明；⑤磺胺二甲嘧啶钠2克＋甲氧苄啶0.4克，肌内注射；⑥乳酸环丙沙星每千克体重2.5毫克，肌内注射；⑦诺氟沙星每千克体重3毫克，肌内注射。

【预防】一旦确诊是绿脓杆菌引起的肺炎，应及时隔离患病的貂，用复方新诺明每日每只0.16克，分2次加饲料中喂服，或用磺胺噻唑钠每千克体重0.2克，拌饲料中喂服，连喂1周。用庆大霉素、多黏菌素、新霉素及卡那霉素各1 000～1 500国际单位，或合用多黏菌素2 000国际单位和磺胺噻唑每千克体重0.2克，混于饲料中喂服，可取得较好治疗效果。用貂假单胞菌病脂多糖疫苗免疫预防，也可取得较好效果。另外，应加强饲养管理，特别在秋季应注意天气变化，做好护理工作；防止饲料和饮水受到带有病原的粪便、尿液和分泌物的污染；加强对貂舍、用具、笼具、工作服等的消毒。

八、水貂克雷伯氏菌病

【病原】水貂克雷伯氏菌病是由肺炎克雷伯氏菌和臭鼻克雷伯氏菌引起的以脓肿、蜂窝织炎、后躯麻痹和脓毒败血症为特征的一种地方流行性传染病。一年四季均可发生，通过带菌的粪便、水、下脚料等经口感染。

【临床症状】根据临床症状可分为急性型、蜂窝织炎型、脓疱疔型、麻痹型。

（1）急性型 患病突然，精神沉郁，无食欲，体温升高至 41～41.5℃，呼吸困难、废绝而死亡。剖检可见肺发生化脓性或纤维素性炎症，心脏内外膜出现炎症，肝脾肿大，肾出血或出血性梗死。

（2）蜂窝织炎型　其喉部发生蜂窝织炎，接着颈部、肩部发生炎症，肿胀，化脓，表现为"大脖子"。剖检可见肝、脾肿大、充血、瘀血，切面外翻；肾上腺肿大、有小脓肿。

（3）脓疱疖型　全身皮肤出现小脓疙，有的流出脓汁，局部淋巴结肿大。剖检可见内脏充血、瘀血，呈败血变化，皮肤脓疱的脓汁为白色或淡蓝色。

（4）麻痹型　食欲差至废绝，后肢运动障碍、麻痹，在2～3天内死亡。剖检可见肾、脾肿大，多见膀胱积黄红色的尿液，黏膜肿胀、增厚。

（5）败血型　突然发病，食欲废绝，精神沉郁，呼吸困难，出现症状后很快死亡。表现呼吸困难的病貂，剖检肺脏呈现纤维素性或纤维素性化脓性肺炎，肝、脾肿大，肾有瘀血斑。

【治疗】病貂发生体表脓肿，应切开排脓，用双氧水洗涤，撒上磺胺粉或涂上青霉素油剂。全身疗法，可用链霉素2.5万～5万单位每天一次肌内注射，至痊愈为止。脓肿破溃时，可用链霉素溶液灌注脓腔。

【预防】利用肉类饲料特别是家畜的下脚料，应进行严格的兽医卫生检验，对可疑饲料要煮熟。注意饮水卫生，做好灭鼠工作。发生本病的貂场，应立即隔离病貂和可疑病貂，并进行全场性大消毒。

九、水貂大肠杆菌病

【病原】大肠杆菌病是由致病性埃希氏大肠杆菌感染引

起腹泻的总称。该病由于动物性饲料腐败变质、氧化或谷物性饲料霉变，饲料突变或更换饲料，水貂过食，大量用药引起的菌群失调，各种应激因素等导致肠道内环境改变而引起，常继发于某些传染病过程中。

【临床症状】自然感染本病，潜伏期变动很大，主要取决于水貂自身的抵抗力、细菌的毒力及饲养管理条件。经饲料和饮水传染通常呈急性或亚急性经过。自体感染多为慢性经过。

病初期，食欲减退继而完全废绝，多躺卧于小室内不动。粪便呈黄色液状，然后下痢加剧，粪便呈灰白色或暗灰色、带黏液，常常有泡沫。有时呕吐，哺乳仔貂常排出未经消化的凝乳块，有时混有血液。断乳的仔貂排出未消化的食物残渣，被覆着黏液，并混有血。肛门四周，尾部、后肢被粪便污染，被毛粘在一起。病貂体质很快恶化、衰弱，体温升达40℃以上，经2～3天死亡。慢性病要5～6天死亡。妊娠母貂患病时，发生大批流产和死胎。患貂精神沉郁不安，食欲减退，有相当一部分貂并发乳房炎。

【治疗】采用特异性治疗方法，如果血清型相符，则可收到满意的效果。每只水貂注射仔猪（或牛犊、羔羊）大肠杆菌病的高度免疫血清5～10毫升，预防量减半。如高免血清配合使用抗生素及维生素，则治疗效果更好。用恩诺沙星、庆大霉素、氟本尼考、卡那霉素、磺胺脒、穿心莲、黄连素、鱼腥草等药物治疗均有效，每日1～2次从口投服，但大肠杆菌容易产生耐药性。

【预防】预防本病的首要措施是加强饲料和饮水卫生，不要使用患大肠杆菌的畜禽肉、内脏、乳和下脚料作水貂饲料，注意防止水被大肠杆菌污染。改善饲养管理，投给新鲜、易消化、营养全价的饲料，以提高机体抗病力。可在妊娠期、哺乳期、断奶后 1 个月内在日粮中添加益生素加以预防。

十、水貂巴氏杆菌病

【病原】水貂巴氏杆菌病是由多杀性巴氏杆菌引起的一种急性败血性传染病。

【临床症状】根据机体抵抗力和病原的毒力，本病在临床上的表现多种多样，大致可区分为急性、亚急性和慢性病例。多呈急性经过，少数呈亚急性经过

（1）急性　食欲减退，先表现兴奋后沉郁，体温升高到 41～42 ℃，并轻微波动于整个病期而后期下降。大多数病貂躺卧于小室内，走动时背弓起，两眼流泪，沿笼子缓慢移动，发生下痢、呕吐，在昏迷状态下死亡。一般经 5～10 小时或延至 2～3 天死亡。

（2）亚急性　主要表现胃肠机能高度紊乱，体温升高到 40～41 ℃，精神沉郁，呼吸加快，食欲丧失。病貂被毛蓬乱无光，眼睛下陷无神，有时出现化脓性结膜炎。少数病例有黏液性化脓性鼻漏或咳嗽。病貂很快消瘦、下痢，个别有呕吐。粪便变为液体状或水样，混有大量胶体状黏液，个别混有血液。四肢软弱无力，后肢出现不全麻痹。高度衰竭的于 7～14 天内死亡。

（3）慢性　消化机能紊乱，食欲减退，下痢，粪便混有黏液，进行性消瘦，贫血，眼球塌陷，有的出现化脓性结膜炎、被毛蓬乱、黏结、无光泽。病貂卧于小室内，很少运动。走动时步履不稳，行动缓慢。高度衰竭者经 3～4 周死亡。在配种和妊娠期流行本病时，造成大批空怀和流产，空

怀率达 14％～20％。仔貂于 10 日龄以内死亡率高达 20％～22％，多数病貂在妊娠中后期发生流产。

【治疗】①多价出血性败血症免疫血清是治疗巴氏杆菌病的特效药物。成年貂 15～20 毫升，幼貂 5～10 毫升，皮下多点注射；②用庆大霉素、链霉素、卡那霉素、先锋霉素或头孢类、新诺明、恩诺沙星等药物治疗有效。如青霉素 20 万单位或土霉素 10 万单位，每日 3 次肌内注射。也可口服土霉素 0.1 克，复合维生素 B 0.1 克。

【预防】外源性感染时，与饲喂了被巴氏杆菌感染的畜禽饲料或饲养场附近畜禽有该病流行有关；内源性感染与应激有关，长途运输、饲料突变、低温多雨、高温高湿、饲养密度过大、通风不良、环境卫生恶劣等都是致病因素。改善生存环境、科学饲养、提高健康水平和机体免疫力是预防该病发生的关键。可预见的应激反应如长途运输时，可提前在饲料中添加维生素 C、维生素 E、复合维生素 B、葡萄糖、柠檬酸、寡聚糖等抗应激药物。

十一、水貂布鲁氏菌病

【病原】水貂布鲁氏菌病是由布鲁氏菌所致的一种人、畜和水貂共患的慢性传染病。发生布鲁氏菌病的水貂场，多数是因用患布鲁氏菌病牛、羊的肉类、奶类等作为饲料而引起发病的，特别是用其生殖器官、胎盘、胎儿等作为饲料更危险。在配种期通过交配能够造成相互传染。

【临床症状】潜伏期长短不一，短的 2 周，长的可达半年。水貂布鲁氏菌病在静止期不出现显著临床变化，产仔期空怀率增高，流产，新生仔貂在最初几天易死亡。水貂布鲁氏菌病内脏器官没有特征性变化。剖检可见脾脏呈暗红色、肿胀，常肿大 4～5 倍；淋巴结肿大，切面多汁；其他脏器无明显变化。妊娠中、后期死亡的母貂，子宫内膜有炎症，或子宫内有糜烂的胎儿，外阴部有恶露附着。

【治疗】布鲁氏菌对链霉素、庆大霉素、卡那霉素、土霉素、金霉素、四环素敏感，但对青霉素不敏感。对病貂可应用上述抗生素药物进行治疗。没有治疗价值的，隔离饲养到取皮期，淘汰取皮。

【预防】平时主要应加强肉类饲料的管理，对可疑的肉类及下脚料（牛、羊）要进行高温处理，特别是用羔羊类的尸体作饲料时，一定要注意人、兽的安全。同时，对被病貂污染的笼子，可用 1％～3％ 石炭酸或来苏儿溶液消毒。用 5％ 新石灰乳处理地面。工作服用 2％ 苏打（碳酸钠）溶液煮沸或用 1％ 氯胺溶液浸泡 3 小时。

十二、水貂魏氏梭菌病

【病原】魏氏梭菌病是由魏氏梭菌或产气夹膜杆菌感染引起的以肠道重度出血为特征的食源性传染病。根据毒素-抗毒素中和试验，将本菌分为 A、B、C、D、E 5 个型，水貂魏氏梭菌病是由 A 型魏氏梭菌引起。该菌分布于土壤、粪便、污水、饲料及动物肠道内。

【临床症状】饲养管理不当，突然更换饲料，蛋白饲料过多可成为该病诱因。一年四季均可发病，易感性强。发病率 10％～30％，死亡率 90％～100％。最急性者，不见症状而突然死亡；急性病例，采食减少，排稀便，最后粪便为柏油状，腹胀水，经 2～3 天死亡。死亡水貂腹部膨胀，有腹水。胃、肠道积气扩张，浆膜下有弥漫性出血斑。胃黏膜上有数个大小不等溃疡表面。肠壁变薄、透明，肠内容物呈黑色。肝、肺肿胀、出血。根据临床症状和剖检变化即可作出初步诊断，确诊需进行细菌学检查。

【治疗】至今尚无特异疗法。发现本病后，立即查明是否是由于变质或不洁的饲料引起的。停止饲喂变质或不洁的饲料，不准随意改变饲料配比或突然更换饲料。一般用抗生素、磺胺类和喹诺酮类药物肌内注射或预防性投药。如新霉素、土霉素、黄连素、氟哌酸等药物，每千克体重按 10 毫克投于饲料中喂给，早、晚各 1 次，连用 4～5 天。肌内注射庆大霉素每千克体重 2～5 毫克，或恩诺沙星每千克体重 3～5 毫克，1 天 1～2 次，连用 3～5 天。为了促进食欲，每天还可肌内注射维生素 B_1 或复合维生素 B 注射液和维生素 C 注射液各 1～2 毫升。重症者可皮下或腹腔补液，注射 5％葡萄糖盐水 10～20 毫升，背侧皮下可多点注射，也可腹腔一次注入。

【预防】为预防本病的发生，主要是严格控制饲料的污染和变质，质量不好的饲料不能喂动物；日常饲养中在每千克饲料中拌入弗吉尼亚霉素 20～30 毫克，可有效防止本病的发生。

当发生本病时，应将病貂和可疑病貂及时隔离饲养。病貂污染的笼舍，用 1％～2％苛性钠溶液或火焰消毒，粪便和污物堆放指定地点进行发酵。地面用 10％～20％新鲜的漂白粉溶液喷洒后，挖去表土，换上新土。

十三、水貂结核病

【病原】水貂结核病是由结核杆菌引起的畜禽、水貂和其他毛皮动物共患的一种慢性传染病，人也能感染。

【临床症状】本病以患病器官形成干酪化和钙化的结核结节为特征，没有明显的季节性，但夏、秋季较多见，幼貂易发病。

本病潜伏期 1～2 周，病程较长，一般不表现特征性症状，诊断比较困难。病貂食欲减退，逐渐消瘦，被毛无光泽，精神不振，常躺卧不起。患肺结核时，表现呼吸困难，有时咳嗽，鼻、眼有浆液性分泌物，有的病貂有脓性鼻漏。患肠结核时，腹泻，粪中带血。患肠系膜淋巴结结核时，腹腔可能积水。剖检特征，结核病变常发生于肺脏，在肺组织和肋膜上见有大小不一的钙化结节，支气管淋巴结肿大。有的胸腔内混有脓样渗出物。其他患病器官见有大小不等的干酪化和钙化特异性结核结节。

【治疗】可用雷米封每日口服 4 毫克，连续 3～4 周，具有一定疗效。

【预防】有结核病流行的貂场，应进行结核菌素检查，发现阳性及可疑病貂隔离饲养，淘汰取皮，不留种用。病貂用的笼箱、食具、工具等用火焰或 2％热苛性钠溶液消毒后方可利用。场地应彻底消毒，粪便应彻底清除。

十四、水貂丹毒病

【病原】水貂丹毒病是由猪丹毒杆菌引起的急性败血性传染病。在毛皮动物中仅见于水貂，呈散发性。丹毒病与遗传因素有关，患阿留申病水貂多发，其他水貂少见。水貂患丹毒病，主要是利用患猪丹毒病猪的肉和内脏及其他下脚料作为饲料而被感染的。

【临床症状】被丹毒杆菌污染的饲料和饮水是重要的传染来源。本病多呈急性经过，病貂食欲突然下降或拒食，呼吸次数增加而浅表，多在出现症状后不久死亡。死貂营养良好，脾脏肿大、瘀血，肾脏有大小不等的出血点，其他脏器高度充血。

【治疗】病貂应隔离治疗，可用青霉素 20 万单位每天一次，肌内注射。也可在饲料和饮水中加四环素（每只 0.05克），也有较好的疗效。

【预防】严禁貂、猪混院饲养，患猪丹毒病猪的肉、内脏和下脚料不能喂貂，可疑饲料应作细菌学检查或进行高温处理后利用。笼箱、用具用 3% 硫酸亚铁液洗刷消毒，内外场地用 2% 过氧乙酸喷洒消毒，尤其猪舍改造为貂场时更为重要。此外，在污染区用猪丹毒菌苗进行预防注射，可获得5 个月以上的免疫力，但弱毒菌苗应先做安全试验后再用。

十五、仔貂脓疱病

【病原】脓疱病是新生仔貂的一种急性细菌性传染病，以散发居多。常在枕部和会阴部皮肤上伴发有脓疱形成。病原是金黄葡萄球菌，也有人认为是化脓性链球菌和双球菌。

【临床症状】潜伏期 1～2 天，仔兽变弱，发育落后。常在枕后、颈部、会阴、肛门部皮肤上发生白色小脓疱，如粟粒大小，融合变成豆粒大。脓疱破溃，流出黄绿色浓稠的脓汁。有的病变皮肤呈暗红色，不发生脓疱，为本病严重的表现。多为急性经过，预后取决于日龄和严重程度，4 日龄以上一般能痊愈，1～2 日龄死亡率高，不加治疗 100% 死亡。死亡病貂除皮肤脓疱肿以外，仔貂内脏器官变化不定。

【治疗】给发病仔貂在患部附近部位注射青霉素钠，每日 1 次，剂量为 0.1～0.2 毫升（500～1 000 单位/毫升）。严重者将脓疱挑开，排出全部脓汁，用双氧水或新洁尔灭冲洗后，用生理盐水冲洗（将消毒液冲干净），然后涂抹红霉素软膏，每日 1 次。

【预防】在妊娠期和产仔期，注意在饲料中补加足量的 B 族维生素和鱼肝油。产前用来苏儿或火焰对笼箱彻底消毒，食具用高锰酸钾溶液消毒。产前箱内垫草在阳光下晒干。

十六、水貂伪结核病

【病原】水貂伪结核病是由啮齿伪结核杆菌引起的一种急性传染病。患伪结核病的畜、禽和鼠类是本病的主要传染来源。因此，利用病畜、禽的肉和内脏作为饲料是水貂患病的主要原因。被患病畜禽粪尿污染的饲料和饮水也能造成传染。

【临床症状】主要特征是在肠管上覆盖淡黄色小结节。本病常呈散发或地方性暴发，无明显季节性，但多见于夏季。水貂很少发生，各种畜禽和多种毛皮动物均易感。病貂食欲下降或废绝，精神沉郁，不爱活动，被毛蓬松无光，日渐消瘦。多数病貂在出现症状后短期内死亡，也有一部分病貂死前不表现症状。死貂主要病变在肠管内，在肠黏膜上可见有淡黄色粟粒大到豌豆大坏死性小结节。肝和脾可见有同样的小结节，脾脏肿大、呈深红色。

【治疗】本病到目前为止尚无较好方法治疗，可试用链霉素、氯霉素、四环素或金霉素进行治疗。

【预防】要加强对饲料的检验，特别要注意检查肠黏膜，发现患有伪结核病的畜禽肉类不能喂貂。要经常做好灭鼠工作。饲养管理不善、缺乏维生素、患寄生虫病及其他降低抵抗力的因素，都能促使本病的发生。对病貂应隔离治疗，被污染的笼箱、食具、用具、场地应进行消毒。

第七节　水貂普通病

普通病是指由非特定病原体引起的动物疾病，包括营养代谢性疾病、中毒性疾病、遗传性疾病、应激性疾病、免疫性疾病和因饲养管理不当引起的各种器官系统性疾病等。

一、维生素 A 缺乏症

【病因】长期不能满足水貂对维生素 A 的需要，如饲料品种长期过于单一，或饲料加工、调制不当，氧化酸败，维生素 A 遭受破坏等；在繁殖期水貂对维生素 A 需要量增加，而未及时补充；患慢性胃肠疾病长期不愈，虽然供给足量的维生素 A，但不能被吸收而排出体外；饲喂的鱼肝油保存、使用不当，变质失效。

【临床症状】病貂神经失调，抽搐，头向后仰，行走摇晃，后躯麻痹；这种症状有时反复出现。有的病貂眼睑肿胀，眼球突出似金鱼，并伴发角膜、结膜炎，流泪，重者角膜混浊。下颌肿胀，张口不能闭上。仔貂食欲不振，下痢，衰弱，发育迟缓。由于黏膜上皮角化，发生干眼病，腹泻，病貂易患气管炎、肺炎、尿结石等病。母貂表现为发情失常，早产，胚胎吸收、死胎或烂胎，以及仔貂体弱、死亡多。公貂表现为性欲减弱，睾丸缩小，精子生长不良、活力弱。维生素 A 缺乏常发生在水貂快速生长时期，如 5—6 月和 7—8 月。

【防治】保持饲料新鲜，合理进行加工调制，防止维生素 A 遭受破坏。妊娠期、哺乳期的母貂和断奶前后的仔貂，在日粮中补加鱼肝油或维生素 A 浓缩剂，每日 500～1 000 国际单位。供给足够的中性脂肪，以利于维生素 A 的吸收。维生素 E 能防止其他因素对维生素 A 的氧化破坏，因此必要时在日粮中添加维生素 E 具有良好效果。

对病貂可补喂牛、羊鲜肝，每日 10～20 克。也可口服维生素 A 3 000～5 000 国际单位，每天一次，并同时肌内注射青霉素 10 万～20 万单位，很快可以治愈。病情较重时，用维生素 AD 液 0.5 毫升、维生素 B_1 0.5～1 毫升，分别肌内注射。

二、黄脂肪症（脂肪组织炎）

【病因】黄脂肪症是一种营养性疾病。本病的发生主要是由于饲喂脂肪氧化酸败的饲料和缺乏维生素 E 引起，所以也有人将黄脂肪病列为维生素 E 缺乏症，常发生于 7、8 月。本病是水貂夏、秋季的常见病。饲喂脂肪氧化酸败的肉类和鱼类饲料，是水貂发病的主要原因。

【临床症状】在繁殖季节导致母兽发情不正常、不孕、死胎、流产等。幼貂断奶分窝后 7—9 月多发，有时发病率高达 70% 以上，死亡率也在 50% 左右，当年幼貂发病率高于成年貂。初期食欲减退、拒食，精神沉郁，不愿活动，可视黏膜黄染，腹泻，排黏稠煤焦油样便，后躯麻痹，最后发生痉挛，昏迷而死。触诊鼠蹊有硬块，缺乏弹性。如不及时治疗，多以死亡转归。剖检皮下有渗出液、皮下脂肪黄染等现象。当水貂发生黄脂肪病死亡时，尸体剖检病变可见全身皮下脂肪黄染，尤以背部和鼠蹊部明显。肝体积明显增大，质地粗糙而脆，呈黄色或灰黄色；胆囊高度充盈，充满黏稠的黑绿色胆汁。肾肿大，颜色灰黄；肠系膜、大网膜及肾脂肪囊均呈黄色。

【防治】在饲料中补充维生素 E 和氯化胆碱能预防该病的发生。如已确诊发生了黄脂肪病，应立即停喂变质的鱼、肉类，更换新鲜的动物性饲料。对发病水貂肌内注射亚硒酸钠维生素 E 注射液，0.5 毫升/只；肌内注射青霉素，10 万单位/只。同时在饲料中添加维生素 E、复合维生素 B、电解多维等。经过 1 周的治疗，大部分病貂可痊愈，但后期生长发育明显缓慢。

三、维生素 D 缺乏症

【病因】维生素 D 缺乏症是钙、磷代谢障碍引起骨质钙化失常为特征的营养缺乏症。饲料单一、不新鲜，维生素 D 添加量不足；饲料中钙、磷比例失调；饲料霉败；动物体受光不足；动物患有慢性胃肠炎、寄生虫病等都可导致维生素 D 吸收不好或缺乏。先天性维生素 D 缺乏常由于妊娠母体营养失调或缺乏、阳光照射和运动不足、饲料中缺乏矿物质、维生素 D 和蛋白质所致。

【临床症状】缺乏维生素 D 时，可引起骨质钙化停止。幼貂体质软弱、生长缓慢、异嗜，喜食自己的粪便，出现佝偻病，即前肢弯曲，行动困难，疼痛、跛行甚至不能站立（2～4 月龄时易发生），喜卧不愿活动；成年貂骨质疏松，变脆、变软，易发生骨折，四肢关节变形等；在妊娠期，胎儿发育不良，产弱仔，成活率低；在泌乳期，乳量不足，提前停止泌乳，食欲减退，消瘦。

【治疗】对病貂增加维生素 D_3 的补给，可以注射维丁（D）胶性钙，水貂肌内注射 0.5 毫升，隔日注射 1 次，同时在饲料中增加一些鲜肝和蛋类。也可以单一地肌内注射维生素 D_3 骨化醇，按药品说明书使用。

四、红爪病

【病因】红爪病是貂维生素 C 缺乏症中的一种，主要发生于新生仔貂。水貂在体内不能合成维生素 C，只能从日粮中的青绿饲料中获得。维生素 C 妊娠貂尤为重要。

【临床症状】维生素 C 缺乏可引起骨生成带破坏，毛细血管通透性增高和血细胞生成受到抑制。新生仔貂四肢水肿，关节粗肿，病部皮肤极度发红，趾掌肿胀、溃裂，不断向前乱爬，吮乳不能，时时尖叫，经 1～3 天死亡。成貂病例出现步态不稳，运动性疼痛，齿龈出血和关节肿胀等病状。一般发病率和病死率都不高。仔貂病例剖检时可见皮下出血、水肿，胸腹肌肉广泛性出血。成貂病例也可见到皮下、关节周围和胸、腹、心包等浆膜有出血性病变。

【防治】应及时对病仔貂进行治疗和人工哺乳。经口滴服 3%～5% 维生素 C 液，每次 1 毫升，每日 2 次，持续到水肿等症状消失。维生素 C 液应当天用完。同时给每只哺乳母貂和发病成貂补给维生素 C 10～20 毫克，拌料给予，每天 1 次。要保证母貂的优质全价日粮，日粮中必须要有新鲜的青绿料。在喂用冻存 3 个月以上的动物性饲料时，应在日粮中添加维生素 C。

五、维生素 B_1 缺乏症

【病因】日常饲料一般都含有维生素 B_1，但是由于储藏、加工不当，易造成饲料中维生素 B_1 受到破坏，长期饲喂这种饲料，就容易引发本病。某些淡水鱼、软体动物、蚕蛹等含有破坏维生素 B_1 的酶，如生喂就易引起维生素 B_1 缺乏。水貂患胃肠疾病，破坏了机体对维生素 B_1 的正常吸收时，也能引起发病。

【临床症状】水貂缺乏维生素 B_1 会表现丧失食欲、大量拒食，消化障碍，步态不稳，并逐渐消瘦、严重抽搐、强烈痉挛、后肢麻痹，最后昏迷死亡。尸体剖检大脑组织出现渗出性出血。心脏扩大，心肌松弛。肝脏暗红色或土黄色，质脆易碎。脑膜有散在对称性出血点。新生仔貂脑出血、水肿。有的妊娠母貂发现有木乃伊化胚胎。

若日粮中维生素 B_1 不足，种貂会丧失正常生育能力，参加配种的母貂空怀率高。妊娠期如果缺乏 B 族维生素，则初生仔貂发育不良，表现为渗出性出血和头部水肿。严重缺乏时可引起胚胎死亡。胚胎死亡的母貂在怀孕后半期可因中毒而死亡，死亡数占 $20\% \sim 30\%$。对死亡母貂剖检，在子宫角可见有发育不同时期死亡的木乃伊胎。哺乳母貂维生素 B_1 缺乏时，可以导致仔貂消化不良，出现腹泻。

【防治】水貂饲料要保持新鲜，防止维生素 B_1 被破坏。在繁殖期，日粮中应补充维生素 B_1 每只每日 0.2 毫克。喂淡水鱼必须进行蒸煮。水貂患胃肠疾病时，应及早治疗。发现多数水貂剩食时，应及时调整饲料，供给维生素 B_1 丰富的饲料或增加酵母的喂量，也可添加维生素 B_1。

对病貂可用以下药物治疗：①早期可增加酵母喂量，每日 5～8 克；并在日粮中补加维生素 B_1 1～2 毫克，连用10～15 天。②维生素 B_1 5～10 毫克、金霉素糖粉 1 克，一次口服，每日 2 次。③维生素 B_1 5～10 毫克、土霉素 0.05 克，一次口服，每日 2 次。④维生素 B_1 注射液 1～2 毫升肌内注射，疗效明显。⑤母貂有流产、烂胎现象时，除用维生素 B_1 治疗外，应用青霉素 10 万～20 万单位肌内注射。

六、酮病

【病因】酮病的发生主要是由于动物机体内碳水化合物及脂肪酸的代谢发生紊乱所引起的全身性功能性失调的营养代谢性疾病。病貂多为产仔数较多的经产母貂，分窝前后发病，分窝后尤为严重。

【临床症状】当水貂摄入的糖不能满足机体需求的时候，游离脂肪酸就会以甘油三酯的脂肪小颗粒的形式在肝脏中沉积，从而使肝细胞逐渐发生脂肪变性，肝脏代谢功能大大降低，使脂肪酸向生酮的方向发展，而此时能量和葡萄糖不能满足母貂泌乳的消耗，加之分窝产生的应激，使母貂的食欲下降，加重这种不平衡，造成血糖过低从而引发酮病。

病貂初期食欲下降或废绝，精神沉郁，此后开始衰弱，步态摇晃，盲目行走，很快四肢间歇性抽搐和痉挛，1 天左右死亡，病貂死前偏瘦。剖检可见肝脏质脆、表面红黄相间，呈花斑状；肺脏尖叶和心叶瘀血；脾脏肿大、瘀血，边缘梗死；肾脏肿大，皮质以及肾乳头出血，皮质和髓质的交界模糊不清；肠系膜淋巴结肿大、出血；胃黏膜大面积出血、溃疡；膀胱积尿。

【防治】在养殖中，应严格按照水貂在不同时期对各种营养的需求进行饲料配比。这样既可避免饲料不必要的浪费，也可让水貂摄取足够的营养。日常饲喂时，一定要注重葡萄糖和维生素的添加。夏季保证充足的饮水，减少水貂体内酮体的产生并加速酮体的排泄，避免水貂酮病的发生。也可在日粮中添加食盐，通过使水貂增加饮水量的方法而减少酮病的发生。

七、食毛症

【病因】食毛症是指水貂啃咬自身毛发的疾病。临床上以患病貂啃咬自身被毛，背毛缺失，绒毛变短秃，呈绵羊剪绒样，皮肤裸露为特征。一般认为饲料营养不全或不平衡，以及饲养管理不良都能诱发本病。如硒、钴、锰、钙、磷等微量元素不足，含硫氨基酸、脂肪酸酸败，酸中毒，肛门腺阻塞等。另外，本病可能由神经变态反应或某种恶癖所引起。

【临床症状】发于秋冬季，在貂群中散发。本病对貂精神状态、食欲、繁殖均无明显影响，主要表现被毛变化。水貂突然发病，一夜将后躯被毛全部咬断，或者间断地啃咬，严重的除头颈部咬不着地方外，其他处都啃咬掉。常使尾部、后臀部、背部和颈部针毛缺失，只剩下平齐的短绒毛。该病多发生在换毛期或换毛后。当继发感冒或外伤感染时，可出现全身症状。由于舔食毛发而引起胃肠毛团阻塞。

【防治】应立足于综合性预防，注意日常饲养管理，特别是防止饲料单一化和品质不新鲜；在饲料中添加微量元素铜、钴、锌、铁、锰等；饲料中补加羽毛粉、骨粉等含硫氨基酸（胱氨酸、蛋氨酸）等，具有良好效果，在泌乳期及冬毛生长期尤为重要；日粮中可以添加 1％不饱和脂肪酸如亚油酸，用后 4～5 天见到效果。

八、水貂胃肠臌胀

【病因】多因饲料质量不良所致。胃肠臌胀是胃肠内因食物发酵急剧而蓄积大量气体的疾病，多发生于断奶前后的幼貂。水貂贪食质量不好或酸败变质饲料是发生本病的主要原因。如在夏季，食盆里的剩饲料或叼入小室内的饲料未及时清除，容易发生酸败，这种酸败饲料如被幼貂吃得过多，常能引起发病。饲喂没有蒸熟的谷物饲料或未经加热处理的活菌酵母，也能引起胃肠臌胀。此外，本病也能继发于慢性胃肠炎，继发性胃扩张主要见于伪狂犬病（又称为阿氏病）。

【临床症状】水貂在食后数小时内立即出现腹围增大，腹壁紧张性增高。病貂不活动，后期出现呼吸困难，可视黏膜发绀，常引起胃破裂和窒息。剖检可见胃容积增大，胃壁变薄，内含大量气体和酸臭味的饲料块。胃黏膜出血，并有多量黏液。肠内发生轻微臌胀和卡他性炎症。

【防治】为降低胃内发酵，可投 5％乳酸溶液 3～5 毫升，一次口服；土霉素 0.05 克，活性炭 0.5 克，一次口服，每日 2 次；萨罗 0.05～0.1 克，乳酶生 1 克，一次口服，每日 2 次；5％乳酸溶液 3～5 毫升，氧化镁 0.2～0.5 克，水杨酸酯 0.1～0.2 克，土霉素 0.3 克，一次口服。必要时可实行穿刺术，用注射针头刺入胃壁，缓慢放出气体，同时注入青霉素 10 万单位，术后 24 小时内禁食。

严格执行饲喂定量制度，把好饲料质量关，饲料中不准加入生酵母和质量不好的饲料。经常打扫小室，不留残食。改变饲喂次数，最初一次应减少食量，以后逐步增加。仔貂及时分开单养。利用碳水化合物饲料如淀粉等时，不得加入野果和水果。

九、胃肠炎

【病因】胃肠炎是胃肠黏膜及其深层组织的炎症，可导致胃肠的运动和分泌机能发生障碍，是水貂的常见病之一。本病在临床上分为原发性胃肠炎和继发性胃肠炎。胃肠炎主要是因饲养管理不当而引起的。如饲喂腐败变质饲料；突然改变饲料而又过量饲喂。食盆和小室内残存饲料未及时清除；日粮中的谷物、蔬菜或动物脂肪比例不当；小室内潮湿；受风寒侵袭等都能引起胃肠炎的发生。某些传染病（大肠杆菌病、沙门氏菌病、犬瘟热、病毒性肠炎）和中毒病能继发胃肠炎。

【临床症状】一般胃肠炎表现为食欲减退，精神不振，不愿活动，爱喝水，有时呕吐。病貂腹泻，排出黏稠的胶冻样灰白色、黄色或绿色粪便。后期食欲废绝，精神沉郁，拱腰蜷缩，衰弱无力。粪便呈液状，有时带血。末期体温下降，后躯瘫痪，极度衰弱，呈昏睡状态。仔貂发病时排出淡灰色、浅褐色含有黏液的稀便，在粪便内常见尚未消化的饲料残渣。病程长时，发育停滞，贫血，被毛弯曲，失去光泽，常发生脱肛。出血性胃肠炎，病情较重，胃肠黏膜出血，排出煤焦油状血便，精神沉郁，发热，拒食，鼻镜干燥，死亡率高。

【防治】禁喂酸败变质饲料，保持笼舍、食具卫生。更换饲料时应逐步进行，不能突然改变。谷物、蔬菜和脂肪在日粮中的比例应适当。如水貂发病数量较多，应首先采取食饵疗法，酌情减少原饲料量，给予新鲜、优质、适口、易消化的饲料，随着病情好转，逐步恢复正常。对病貂可采用以下治疗方法：①胃蛋白酶 0.5 克，维生素 B_1 5～10 毫克，合霉素 0.1 克，用蜜调制一次调服；②磺胺脒 0.2 克，炭末 0.2 克，龙胆 0.1 克，用蜜调制一次内服；③合霉素 0.2 克，复合维生素 B 0.1 克，一次内服；④链霉素 10 万单位，多维糖 0.5 克，一次内服；⑤合霉素 0.05 克，胃蛋白酶 0.25 克，多维糖 0.5 克，仔貂一次内服；⑥20％葡萄糖 20～50 毫升，维生素 C 10 毫克，一次皮下多点注射。

十、日射病

【病因】日射病是水貂头部，特别是延髓或头盖部受烈日照射过久，脑及脑膜充血而引起的疾病。此病多发于夏日 12:00—15:00。貂棚遮光不完善或没有避光设备时，更易引发本病。

【临床症状】病貂突然发病，精神沉郁，步法摇摆及晕厥。有的发生呕吐，头震颤，呼吸困难，全身痉挛尖叫，最后在昏迷状态下死亡。尸体营养状态良好。脑及脑膜血管充盈、高度充血和水肿，脑切开有出血点或出血灶。胸膜腔比较干燥，充血，瘀血。肺充血。心扩张。有的出现肺水肿。肝、脾、肾充血、瘀血，个别的有出血点。

【防治】发生本病时，立即将病貂移至凉爽、通风良好地方，并迅速采取降温措施，对头部施行冷敷或冷水灌肠。对心脏功能不全的水貂，可肌内注射维他康复 0.2～0.3 毫升，皮下注射 20％葡萄糖 10～20 毫升，分多点注射。对发病地点实施降温措施，如往地上或貂笼上喷凉水降温。进入盛夏时，貂场内中午应由专人值班降温防暑。受光直射的部位要做好遮光，使水貂多饮水。

十一、热射病

【病因】本病是水貂暴露在高温、湿热、空气不流通的环境下，体热散发不出去、在体内蓄积引起的疾病。

【临床症状】临床上以体温升高、循环衰竭、呼吸困难、中枢神经系统功能紊乱为特征。局部小气候闷热，空气不流通，动物体热散发不出去而导致疾病。此病多发于长途车、船、飞机运输和小气候闷热、空气不流通的笼舍或产箱内。

病貂体温升高、循环衰竭及出现不同程度的中枢神经功能紊乱，呼吸困难，组织乏氧，可视黏膜发绀，流涎，口咬笼网张嘴而死。接近分窝断奶时，由于产箱（小室）内湿热，母仔同时死在窝内。

【防治】发现本病后应立即将病貂散开，放在通风阴凉处，同时采取强心、镇静措施。长途运输种貂要由专人押运，及时通风换气。天热时间饲养员要经常检查产仔多的笼舍和产箱，必要时把小室盖打开，换上铁丝网通风换气以防闷死，产箱内垫草要经常打扫更换。炎热的晚上要把貂驱赶起来适当运动，通风换气。对心脏功能不全的水貂，可肌内注射维他康 0.2～0.3 毫升，皮下注射 20％葡萄糖 10～20 毫升。

十二、肉毒梭菌毒素中毒

【病因】肉毒梭菌毒素中毒是由肉毒梭菌外毒素引起的、以中枢神经系统为主的中毒病。水貂对肉毒梭菌外毒素极为敏感，一旦发病，可致全群毁灭。

【临床症状】根据发病急，短期内出现大批死亡，病貂从后肢开始麻痹，直至前躯、头部、全身性麻痹，无可见特殊解剖学变化，即可初步确诊。对该病以预防为主，严禁使用病畜肉和腐败饲料，失鲜及可疑饲料应煮熟再喂。饲料应低温保存，室温不得超过 10 ℃，且不要堆放过厚。加工调配好的饲料要及时喂貂，不要存放过久。屠宰和购回的饲料，要避免尘土和胃肠内容物污染，并尽快放冷库内保存。

【防治】应用抗毒素血清治疗，效果不大，故很少应用。接种肉毒梭菌类毒素效果良好，一次接种的免疫期可达 3 年之久。最常使用的是 C 型类毒素，每次每只肌内注射 1 毫升。另外，使用 C 型类毒素、病毒性肠炎和犬瘟热三联疫苗，C 型类毒素和巴氏杆菌联合疫苗以及 C 型类毒素和伪狂犬病联合疫苗，均可收到一针预防 3 种或 2 种疾病的效果。

十三、食盐中毒

【病因】在水貂养殖过程中，每头每天需添喂不超过 0.5 克的食盐，才能保证其生长发育对盐的需求。如果添喂的食盐过多或是食盐在饲料中搅拌不匀，都易使水貂食盐中毒，轻则影响生长发育，严重的可造成死亡。

【临床症状】水貂食盐中毒后，表现为口渴、呕吐、流涎、呼吸急促、瞳孔扩散、全身无力、视黏膜呈紫色，并可伴发胃肠炎，严重的还口吐带有血丝的泡沫。也有的水貂食盐中毒后，表现为高度兴奋、运动失调、发出嘶哑的尖叫声、尾根翘起、下痢不止、体温下降。在其临死前，还会四肢痉挛，呈昏迷状。

【防治】为防止水貂食盐中毒，每头每天添喂的食盐一定要限量，而且在饲料中一定要拌匀。如果发现水貂有食盐中毒的症状，要立即采取相应措施。立即让病貂饮用充足的水，还要尽可能地多喂些牛奶；接着，将病貂的喂食量减半，并停喂食盐，每头每天改喂 0.1 克碳酸钠；同时，对高度兴奋、焦躁不安的病貂，应使用镇静药品治疗，病情严重的还需用 5％葡萄糖注射液，每头 10～20 毫升，皮下多点注射。

十四、棉酚中毒

【病因】棉酚是棉籽、棉籽油和棉籽饼中所含的一种萘的衍生物，其中的游离棉酚对动物有毒性作用。水貂对棉酚十分敏感，常引发妊娠母貂流产（流产率高达 83.7％）及全身症状。棉籽中含有棉酚，其产品中同样含有游离棉酚，如棉籽饼中一般含有游离棉酚 0.04％～0.05％，若日粮中超过 0.02％即会引发中毒。棉籽油也经常作为水貂饲料添加剂补给，如用量过大也会引发中毒。蛋类多作为水貂配种、妊娠和哺乳期的蛋白质饲料补给，如果蛋鸡日粮中棉籽饼含量达 25％～30％，那么将这种蛋鸡所产蛋饲喂给水貂，会引起水貂棉酚中毒。棉酚在动物体内有蓄积作用，尚可引发慢性中毒。棉酚可进入各种组织细胞，由卵、乳排出，从而引起胎儿和仔貂中毒。棉酚中毒在缺乏蛋白质、维生素、矿物质和微量元素及青饲料的情况下更易发生，且尤为严重。

【临床症状】病貂食欲不振，有时呕吐，结膜潮红，抽搐，间或有血便，饮欲增加。妊娠母貂腹围缩小，胎儿被吸收而不产；有的孕貂阴户流出煤焦油样或浓酱油样紫黑色黏液，有时流出腐烂残缺的胎儿；有的产下细小、发育不全的死胎；有的母貂除产下死胎外，还混杂有微弱生活力的濒死胎儿。流产母貂普遍精神不振，食欲减退，轻度发热，间有抽搐和血便现象。病变为全身水肿，胸腹部皮下胶样浸润，淋巴结肿大。胃肠黏膜出血有坏死灶；肝肿大、瘀血、质脆或有散在坏死灶；心外膜有出血点；膀胱水肿、增厚，膀胱黏膜有出血点；子宫黏膜出血。

【防治】一经发现，立即停喂含棉酚的饲料（棉籽饼、棉籽油和含棉酚的蛋和乳），多给鲜牛奶、豆浆等。同时补给10％葡萄糖液10～20毫升加维生素C10～20毫克，注射或灌服。本病的预防主要在于提高自身的科学技术知识水平，熟悉饲料、营养、管理等常识，尽量做到不用或少用棉籽等产品。

十五、黄曲霉中毒

【病因】水貂黄曲霉中毒已在一些水貂场中发生，可使生产遭受巨大损失，死亡率达10％～15％。黄曲霉毒素，主要为黄曲霉和寄生曲霉在代谢过程中产生的有毒物质，是目前致癌性最强的化学物质之一。

花生饼、豆饼、棉籽饼、玉米等易受黄曲霉和寄生曲霉污染，并含有黄曲霉毒素。在气温较高、湿度较大的地区，黄曲霉毒素污染最为严重。最适宜黄曲霉和寄生曲霉繁殖的温度是 24～30 ℃，湿度是 80%。当饲料含水量为 20%～30% 时，繁殖最快；含水量低于 12%，则不能繁殖。

【临床症状】患貂拒食，精神沉郁。便稀，最初排出的粪便为橄榄绿色，后期呈茶色。5～8 天后死亡。哺乳母貂易发生缺乳。病理剖检可见肝、脾肿大，暗红色；肾呈淡黄褐色；肠壁薄而透明，内容物呈茶色，并有黏液。

【防治】当发现黄曲霉中毒时，立即停喂黄曲霉污染和含有黄曲霉毒素的饲料。谷物类饲料应放在干燥、温度低的地方保存。一旦发霉变质，绝对不能饲喂水貂。

十六、鱼类组胺中毒

【病因】组胺是鱼体在莫根式变形杆菌、组胺无胞菌等作用下，发生蛋白质分解的产物，是组胺酸脱羧后的胺类。鱼类腐败后皆可产生组胺，但是一些青皮红肉的鱼类，如台巴鱼、鲭、沙丁鱼等，组胺产生的速度快，数量多。在 37 ℃ 下放置 36 小时，每 100 克青皮红肉的鱼中组胺的含量可达 160～320 毫克，而每 100 克青皮白肉的鱼只产生 20 毫克，每 100 克虾、甲鱼只产生 10 毫克，其他的鱼类产生得较少或不产生。

【临床症状】水貂对组胺较为敏感，常因饲喂变质的青皮红肉鱼类而引起全群性水貂中毒。这种中毒类似过敏性中毒，死亡率高，不易抢救，往往给生产带来巨大损失。水貂组胺中毒潜伏期短，不超过 1 小时，最快 5 分钟。中毒的严重程度视青皮红肉鱼类的变质程度及喂量而不同。

　　本病主要表现为神经系统机能障碍，呼吸中枢和运动中枢麻痹。患貂呼吸困难，可视黏膜发绀，瞳孔散大，鼻孔流有浆液性鼻汁。行走蹒跚，昏迷，头下垂，痉挛。有的患貂表现恶心呕吐，继则出现卡他性胃肠炎和出血性胃肠炎，粪便由黄绿色到沥青色，并有血尿。后期，后躯瘫痪，心跳加快，体温下降，最后因呼吸麻痹而死亡。剖检可见尸体营养良好，尸僵完全，可视黏膜发绀。腹腔和胸腔积有淡红色渗出液，喉头黏膜和气管黏膜充血，肺呈暗红紫色。心包有淡黄色的液体，血液凝固不良。胃肠黏膜脱落，黏膜下层水肿，有散在的出血点。肠系膜淋巴结肿大 3～4 倍，切面光滑，湿润。肝呈肉豆蔻色。脾脏稍肿大。肾脏黄褐色，皮质部稍肿。

　　【防治】确定鱼类组胺中毒后，立即除去饲料中变质的青皮红肉鱼类。病貂皮下注射 10％葡萄糖 10 毫升，维生素C10～20 毫克，青霉素 20 万单位。

十七、螨（疥癣）病

　　【病因】螨（疥癣）病是螨（疥癣虫）寄生于皮肤所引起的一种慢性皮肤病。犬疥癣是水貂螨病的主要传染源。

　　【临床症状】疥螨潜藏于宿主皮肤的深部，或毛的深密处。貂受疥螨侵袭后，受害部位出现奇痒，水貂常用口咬食或用爪搔抓该部位，致使皮肤受伤、毛脱落。通常四肢先受侵袭，变得粗大，并有褐色痂皮和变硬。接着向其他部位蔓延。疥癣是一种体外寄生虫病，传播力强，危害大，一旦发现应立即隔离治疗，严重者应杀掉，尸体焚烧或深埋。对病貂用过的笼舍、用具，应彻底洗净和消毒。

【防治】在治疗前剪去病变部的被毛，用温热的肥皂水洗涤干净。治疗螨病的药物以多拉菌素、伊维菌素制剂为首选。治疗的同时还应对环境严加消毒，防止继发感染。患螨病的水貂千万不要留作种用。

十八、弓形虫病

【病因】弓形虫病是由弓形虫引起的一种人兽共患的寄生虫病。常散发或呈地方性流行，幼貂死亡率达 50％。弓形虫主要寄生在肝、脾的细胞和中枢神经系统的神经细胞内，通过纵分裂进行繁殖，并可形成伪包囊。弓形虫离开伪包囊进入体液循环而侵入各组织器官时，可在其中的一些细胞内进行繁殖。弓形虫可随唾液、尿、粪便、鼻液、阴道黏液或乳汁排出体外。水貂弓形虫病主要通过食物感染，亦可经胎盘感染。

【临床症状】患病水貂精神迟钝，采食困难、缓慢，共济失调，常作圆圈运动。尾巴甩向背部，如同松鼠。呼吸困难，间或出现结膜炎，有些病貂在抽搐中死亡。慢性经过的病例，病貂进行性消瘦，毛绒失去正常光泽，生长停滞。也有一些病例完全没有临床症状而突然死亡。

剖检可见肝严重充血和水肿，有许多白色小结节。组织检查，在肺间质中可发现散在的弓形虫。肝肿大，有粟粒大小的坏死灶。在坏死灶的边缘有许多弓形虫或弓形虫伪包囊。脾常增大 2～3 倍，有瘀血斑。肾呈淡黄色，皮质层有点状出血。胃肠出血，黏膜下层有急性炎症的病理变化。可检出大量的虫体。间或在肌纤维间见有弓形虫的伪包囊。肠淋巴结出血，有坏死灶。胰脏出血，有坏死灶。膀胱壁明显增厚和出血。大脑和小脑见有裂殖的弓形虫和伪包囊，并有细小坏死灶。

【防治】当确定水貂发生弓形虫病时，可用磺胺二甲基嘧啶 0.1 克每天每头服 2 次，连服 5 天，然后再每隔 3 天服 1 次，持续治疗 9 天。对患貂的分泌物、排泄物，以及被这些分泌物、排泄物所污染的笼舍、小室、工具、食具等进行消毒。

十九、附红细胞体病

【病因】水貂附红细胞体病是由附红细胞体寄生于水貂的红细胞表面和血浆中而引起的一种烈性传染病。几乎所有的哺乳动物及禽类均能患此病，而水貂又以畜禽的下脚料为食，因此水貂患附红细胞体病的风险较大。

【临床症状】水貂附红细胞体病呈散发流行趋势。其临床以高热（体温升高到 42～43 ℃）、黄疸、贫血等为特征，可引起水貂生长速度缓慢、消化机能障碍，严重时死亡率较高。该病呈隐性感染，应激状态下急性发作。内脏及四肢肌肉无力，心扩张，尿黄，肝、脾、肾瘀血、肿胀。开始发病时粪干，后期腹泻、带血，甚至呈煤焦油状。可致母貂化胎、死胎、早产、不发情、不孕；公貂无精、精子畸形，因体虚而配种能力明显下降。

本病经吸血昆虫（蚊、螨、蝇、虻、虱、蚤）叮咬、针头注射等由血液直接传播。食没有熟制的患有附红细胞体病动物的饲料、互相咬斗出血均可传播本病。

【防治】饲料中添加多西环素或者土霉素，连用 5 天。严重的肌内注射血虫净，剂量为每千克体重 7 毫克，3 天见效，5 天后可控制病情。

二十、霉菌病（真菌性皮肤病）

【病因】霉菌病是真菌性皮肤病，具有很强的传染性，主要通过接触传染，也可通过被污染的用具、笼舍，吸血昆虫虱、蚤、蝇、螨等传播。

【临床症状】患部断毛、掉毛或出现圆形脱毛区，皮屑较多。也有的不脱毛、无皮屑，而患部有丘疹、脓疱，或脱毛区皮肤隆起、发红、结节化。用荧光显微镜检查，感染部位受损的毛呈鲜明的浅绿色微光。

【防治】在改善饲养管理的基础上，积极做好病貂的治疗工作。发病后可将病貂局部残存的被毛、鳞屑、痂皮剪除，用肥皂水洗净，涂以酮康唑软膏、克霉唑或达克宁软膏等消炎类软膏。在局部治疗的同时，可内服埃他康唑，每日每千克体重 25 毫克，连服 1 周，直到痊愈。口服灰黄霉素和两性霉素 B 对体病治疗也有效。

二十一、感冒

【病因】感冒主要是上呼吸道黏膜表层的炎症，为水貂常见多发病。感冒一般是由寒冷的刺激引起的，初春、晚秋、冬季多发。气候突然变化，冷风、雨、雪侵袭，小室内垫草过少或潮湿，产箱保温不好等均能引起感冒。运输途中被雨水或饮水弄湿了毛而引起感冒也较常见。

【临床症状】因被侵害部位不同，分为鼻炎、喉头炎、气管炎等。多数表现为鼻黏膜发炎，病貂流出浆液、黏液性鼻汁，两眼流泪，鼻镜干燥。食欲减退或拒食，精神萎靡，有时咳嗽，呼吸浅表急速，有的呕吐，体温稍高或正常。

【防治】要经常检查小室内垫草，发现潮湿或不足时，应及时更换或补充。夏天要防止笼箱被雨淋，遇有风雪天气，笼箱周围要有挡风设备。在运输途中，不能给水过多，防止水貂要水弄湿毛绒。治疗可用：①安痛定0.5毫升，维生素B_1 1毫升，分别肌内注射，每日2次；②百尔定0.5～1毫升，每日1次，肌内注射；③安痛定1片，葡萄糖粉1克，研碎拌匀蜜调后，分3次口服，每日2次；④可用青霉素10万～20万单位，维生素B_1 0.5～1毫升，分别肌内注射，预防继发感染；⑤土霉素20万～30万单位，一次口服；⑥中草药治疗。

二十二、脑水肿病

【病因】脑水肿又称大头病，多见于新生仔貂。其特点是后脑显著肿大，不能治愈，转归死亡。本病是由劣性致死性基因结合时引起的一种遗传性疾病。单方具有此基因者，可以隐性方式遗传给下一代，使这种基因长期遗传下去。

【临床症状】常在检查仔貂时发现。典型症状为大头，仔细检查后脑盖骨肿大，后脑明显突出如鹅头状。触摸肿胀部分柔软，有波动感。病貂精神萎靡不振，日渐消瘦，吸乳能力弱，很快死亡。

【防治】患有脑水肿的仔兽毫无饲养价值，应立即淘汰。为防止本病发生，不仅要淘汰有病仔貂，而且应把生有脑水肿病的公貂和母貂也一律到取皮期取皮，不留作种用。只有这样，才能制止本病发生。

二十三、尿结石

【病因】尿结石是肾脏、膀胱及尿道内出现矿物质沉着的一种疾病，是普通病中发病率和死亡率较高的疾病之一。多在幼貂断奶初期发生，公貂多于母貂。饲料中矿物质饲料含量过高、日粮中维生素 A 缺乏、维生素 D 含量过高、饲料酸碱不平衡和胶体理化性状破坏、细菌尿路感染等均可导致尿结石。

【临床症状】患病初期无任何症状。随病程进展，病貂表现不安，频频作排尿动作，但尿量少，有的尿液淋漓，不随意排尿，后躯被毛浸湿，膀胱大，触摸敏感。剖检可见在肾、膀胱、输尿管内有大小和数量不等的结石。圆形或椭圆形，数量一到数十块，小如粟粒，大如指头大。结石质坚硬，周围有炎症变化，常有出血和溃疡。尿液混浊，有时为血尿。分析表明，结石大多为镁和磷酸钙盐沉着。

【防治】尿结石早期不易被发现，晚期病例治疗困难，故本病应以预防为主。日粮中增加肉类、脂肪、牛乳和蔬菜的比例，保证钙和磷比例及足够的维生素 A，避免钙或磷过高，注意饲料的酸碱平衡，保证水盒内饮水充足。每天饲料中加入 200 单位鱼肝油。日粮中添加适量的食用醋等有机酸，可预防尿结石的发生。为预防尿结石的形成，从 4 月开始到剥皮，可按饲料干物质的 0.6% 添加 75% 磷酸液。临床症状严重、有疼痛表现和尿淋漓的病貂，使用双氢克尿塞10 毫克，青霉素 20 万单位，每天肌内注射 2 次。必要时镇痛、减压、强心补液。全群投服乌洛托品、磺胺二甲嘧啶、碳酸氢钠，每天 1 次，连用 5～7 天。

二十四、尿湿症

【病因】尿湿症不是独立的疾病，仅是一种症状。许多疾病都可导致尿湿症的发生，如尿结石、尿路感染、膀胱和阴茎麻痹、后肢麻痹、黄脂肪病及传染病的后期等。

【临床症状】该病多侵袭 40～60 日龄幼貂，通常成批或成窝发病。临床上公貂易发病，表现排尿不直射、呈淋漓状。病貂会阴部、下腹部及后肢被毛被严重浸湿，长时间不愈，会阴部皮肤发红、变硬并出现湿疹甚至溃烂化脓，如不及时治疗会引起死亡。依据会阴部和下腹部毛被尿浸湿而持续不愈，即可作出诊断。

【防治】除掉病因是治疗的根本措施，使用恩诺沙星、氨苄青霉素控制感染，每日用双氧水或高锰酸钾液清洗局部。

治疗时，首先增加优质饲料的供给，如乳、蛋、酵母、鱼、鱼肝油等的供给量。清除患部皮肤上一切污物，剪除胶粘一起的被毛，用温开水、能收敛消毒的 1%～2% 鞣酸或 3% 硼酸溶液洗涤。3%～5% 龙胆紫、5% 美蓝溶液、2% 硝酸银溶液、氧化锌滑石粉（1∶1）、碘仿鞣酸粉（1∶9）等均有防腐、收敛和制止渗出作用，可用于涂抹。随着渗出减少，可涂氧化锌软膏等。用抗生素和维生素治疗，能收到良好效果。①青霉素 10 万～20 万单位，维生素 E 0.5 毫升，一次肌内注射，每日 1 次；②维生素 B_1 1 毫升，维生素 E 0.3～0.5 毫升，一次肌内注射，每日 1 次；③土霉素 0.1 克，维生素 B_1 5～10 毫克，混合一次口服，每日 2 次；④四环素 0.05～0.1 克口服，每日 2 次。

二十五、膀胱炎

【病因】膀胱炎是膀胱黏膜或黏膜下层组织所发生的炎症。细菌感染是发病的主要原因，如大肠杆菌、链球菌、葡萄球菌等。这些细菌通过血液、尿液和尿道侵入膀胱而引起黏膜发炎。结石、毒物损害膀胱黏膜也可继发膀胱炎。感冒和邻近器官炎症（肾盂肾炎、子宫炎、尿道炎、腹膜炎等）的蔓延，也可导致膀胱黏膜发炎。

【临床症状】膀胱黏膜不断地受到刺激，病貂尿频，常作排尿姿势，但每次仅排出少量尿液，尿道外口附近及腹部往往被尿液浸湿。病貂精神不安，食欲减退甚至拒食，体温稍高。尿液混浊，呈微红色或稍带白色，尿中混有蛋白质、黏液及上皮细胞等，呈中性或碱性。

【防治】保持笼舍、食具卫生，发生尿道炎等疾病时应及时治疗，防止感染和继发膀胱炎。对病貂禁喂刺激性饲料，多饮水，给予优质、适口、易消化的饲料。治疗用青霉素10万～20万单位肌内注射，直到痊愈，效果良好。也可同时用乌洛托品0.2～0.3克，以蜜调后口服，每日2次。

二十六、肺炎

【病因】肺炎多为感冒、支气管炎发展而来。肺炎球菌、大肠杆菌、链球菌、葡萄球菌、绿脓杆菌、真菌、病毒等均可引起肺炎。因机体抵抗力下降或支气管黏膜炎症，血液和淋巴循环紊乱等而引发本病。

饲养管理不善、饲料不全价都可导致动物抵抗力下降，从而引发支气管肺炎和大叶性肺炎。过度寒冷或小室保温不好，引起幼貂感冒，棚舍内通风不好、潮湿、氨气过多等都会促进急性急性支气管肺炎的发生。

【临床症状】病貂精神沉郁，鼻镜干燥，可视黏膜潮红或发绀，常卧于小室内，蜷曲成团；体温升高至 39.5～41 ℃，弛张热；呼吸困难，呈腹式呼吸，每分钟呼吸达 60～80 次；食欲废绝。

日龄小的仔貂，多半呈急性经过，看不到典型症状，仅见叫声无力、长而尖，吮吸能力差，吃不到奶，腹部不膨满，很快死亡。成年貂发生此病，多数由于不坚持治疗而死亡，病程 8～15 天。

急性经过的病例尸体营养状态良好，口角有分泌物。剖开胸腔，肺充血、出血，尤以尖叶为最明显，肺小叶之间有散在的肉变区（炎症区），切面暗红色有血液流出；支气管内有泡沫样黏液；心扩张，心室内有多量血液；器官黏膜有泡沫样黏液。

【防治】临床常用青霉素、链霉素及广谱抗生素和磺胺二甲基嘧啶进行治疗，青霉素和链霉素并用效果更好。①青霉素 20 万～40 万单位，肌内注射，每 8～12 小时 1 次；②链霉素 0.1～0.3 克，肌内注射，每 8～12 小时 1 次；③磺胺二甲基嘧啶，用量每千克体重 50 毫克，每 12 小时 1 次；④强力霉素每千克体重 7～10 毫克，每天 3 次，口服；⑤氯霉素每千克体重 10 毫克，每 12 小时 1 次。

二十七、乳房炎

【病因】乳房炎（乳腺炎）是指母兽泌乳期乳房的急性、

慢性炎症。某些疾病（结核病、布鲁氏菌病、子宫炎等）也可并发乳腺炎。仔貂咬破母貂乳头，造成外伤性感染；貂舍垫草不洁感染乳房炎；母貂乳腺发达，泌乳量大，仔貂吮乳力不强或仔貂死亡，致使过多的乳汁长期积蓄于乳房内，造成瘀滞性乳房炎。

【临床症状】母貂患乳房炎后不愿护理仔貂，常停留在运动场上。仔貂由于得不到足够的乳汁而会发出不正常的叫声。若检查乳房，可发现乳房红肿、结块、发热，乳头或乳房被咬破，个别的会破溃。若感染为脓性的，则乳汁呈脓样，内含黄色絮状物或血液。严重时，除局部症状外，尚伴有全身症状，如食欲减退、体温升高、精神不振，常常卧地不愿起立。

【防治】初期冷敷，每个乳头结合按摩排乳，在乳腺两侧用 0.25% 普鲁卡因注射液溶解青霉素进行封闭，水貂每侧注射 3~5 毫升。水貂全身注射青霉素 30 万~40 万单位，并注射复合维生素 B 和维生素 C，水貂 1~2 毫升。

对未破溃化脓的，可进行热敷治疗。用温热的 0.3% 雷佛奴尔溶液浸湿纱布后敷在乳房上进行按摩，每日 2 次。

对已化脓破溃的不能进行热敷，要用 0.3% 雷佛奴尔溶液洗净创面，涂油质青霉素。仔貂 30 日龄后，可适当分出部分仔貂，必要时全部分窝。

二十八、念珠菌病

【病因】念珠菌病是由白色念珠菌所致的人兽共患的真菌病。动物念珠菌病则以在消化道黏膜上形成乳白色溃疡、伪膜的炎症为特征，水貂易感性高。念珠菌通常是肠道寄生菌，各种应激因素促使机体抵抗力下降时会引发本病，也可通过直接或间接接触感染。在潮湿、高温的夏秋季节可引发流行。

【临床症状】病貂口腔、食道黏膜出现覆有黄白色伪膜的溃疡而疼痛不安，呕吐，有的发生下痢。拒食，逐渐消瘦，大量流涎，精神沉郁。有的趾部肿胀、溃烂。皮肤红肿、糜烂，流出灰白色、灰红色脓液，有的形成瘘管。有的出现咳嗽、呼吸迫促甚至困难，食欲废绝，体温升高。

【防治】治疗可采用局部治疗，洗净患部后涂以5％碘甘油或1％龙胆紫。辅助以全身治疗，按每千克体重用制霉菌素30万单位，加少量牛奶灌服，每天2次，连服10天，有良效。加强平时的饲养管理和卫生防疫工作，保持笼箱洁净干燥，勤换垫草，减少应激因素可减少该病的发生。

第八章
水貂皮的初加工技术

第一节 取 皮

　　水貂生产的最后一道工序是杀取作为生产成品的水貂皮。水貂皮的质量首先决定于水貂的遗传性和饲养管理水平，但最后工序包括取皮的时间、处死、剥皮、刮油、洗皮、上楦板、干燥的方法，以及最后的貂皮整理和包装，都会影响到水貂皮的质量。因此，必须认真按照国家规定的规格要求，精心操作。

一、貂皮成熟鉴定

　　水貂处死和取皮的时间是冬皮达到成熟的时候，不管是提前或拖后都会影响毛皮的质量。从外观看，冬皮成熟时是水貂毛被最美观的时候，针毛由于底绒丰满而直立，毛绒灵活，富有光泽，尾部的毛蓬松，颈部和腹部的毛被在身体转动时出现一条条"裂缝"。

　　观察皮板的颜色。方法是把水貂捉住，吹开绒毛，观察皮肤是否呈淡粉红色或淡玫瑰色。如果已达到淡粉红色，说明冬皮确已成熟。从外部观察基本确定后，要进行试宰。试宰的目的是准确确定皮板的成熟程度。皮板洁白是冬皮真正成熟的标志。要特别注意观察尾部的皮板，不完全成熟的皮板往往在尾部留有黑色。还必须注意，彩貂一般皮板内色素较少，应多注意观察毛被的外观。而像黑色突变型，则皮板在成熟时也有一定的色素。

二、取皮时间

具体取皮时间应根据冬皮成熟鉴定结果来确定。取皮时间因地理位置和饲养管理条件、种类、性别、年龄、健康状况的不同而有变化。各养殖场应根据当地气候条件和实际成熟情况，确定最佳的取皮时间。过早取皮，皮板发黑，针毛不齐；过晚取皮，毛绒光泽减退，针毛弯曲。水貂毛皮成熟的一般规律是彩貂比纯色貂的毛皮成熟早，老貂比幼貂的毛皮成熟早，母貂比公貂毛皮成熟早，中等肥度的健康貂比过瘦或有病的貂毛皮成熟早。在纬度较低的地区，自然状态下，毛皮成熟有往后推迟的现象。冬毛期饲养管理良好可适时取皮；如果饲养管理欠佳，会使冬毛成熟和取皮时间延迟。珍珠色水貂和蓝宝石色水貂，取皮时间一般在 11 月10—25 日；暗褐色和黑色水貂，取皮时间一般在 11 月 25日至 12 月 10 日。

冬皮从夏毛开始换成冬毛到成熟一般需要 80～90 天。如果采用控光方法提前取皮，取皮时间应规定为从控光开始日期计算 80～90 天。水貂埋植褪黑激素与控光的效果相同，可以实现提前取皮。在北欧，褪黑激素的应用既不提倡也不禁止。在美国，褪黑激素埋植时间通常在 7 月初，经过

100～110 天，于 11 月的第 1 周屠宰取皮，至少饲喂 95 天。在我国，通常在埋植褪黑激素后 60～75 天，根据底绒情况分批屠宰。埋植褪黑激素超过 4 个月不取皮，会出现脱毛现象。

三、处死方法

我国对于水貂合理的宰杀方法还没有明确的规定，美国兽医学会（American Veterinary Medical Association，AVMA）列出的脊椎动物不允许采取的宰杀办法包括体温过低、体温过高、溺水或离水、断颈，吸入一氧化二氮、环丙烷、乙醚、氯仿等麻醉剂，大剂量使用镇定剂、特定口服药物和麻醉药等。在国际上推荐使用的宰杀方法有以下 3 种。

1. 心脏注射空气法 需要两人协同操作。一个人用双手保定好水貂，使其腹部向上；另一个人用左手托住水貂胸背部，手指相捏，固定心脏，右手持注射器，在水貂心跳最明显处进针。如有血液回流，即可注入 5～10 毫升空气，水貂马上两腿强直，迅速死亡。此法省力，要求注射人员技术熟练。

2. 窒息法 可以用 CO 或 CO_2 使水貂窒息死亡。将水貂放到串笼里，连同串笼层层垛在密闭箱内（图 8-1），用 CO 或 CO_2 使水貂窒息死亡。由于拖拉机或饲喂机器的尾气中还有余热和污染物，因此在很多国家此法已经禁止使用。

3. 注射化学药剂 司可林又称氯化琥珀胆碱，为横纹肌松弛药。给水貂肌内注射 1％司可林 0.2 毫升，几分钟内即可使水貂无痛苦死亡，效果较好。妥巴比钠腹腔内注射也

图 8-1 水貂致死-传送-滚筒一体机
a. 貂尸滚筒 b. 传送 c. 气箱

是一种人道的水貂安乐死方法。

四、剥皮方法

水貂的剥皮应尽量在屠宰后不久，尸体尚有一定温度时进行。

宰杀后，水貂尸体应放在干净凉爽的地方，切忌堆放，以防因余热而引起脱毛。剥皮应在水貂尸体还有一定温度时进行。如来不及剥皮，应将尸体放置于－10～－1 ℃处保管。若温度过高，微生物和酶容易破坏皮板；而僵硬或冷冻的尸体剥皮十分困难。皮张应按其商品规格要求进行剥皮，保持皮形完整，头、耳、须、尾、腿齐全；去掉前爪，抽出尾骨、腿骨、除净油脂。

1. 规范挑裆 用锋利尖刀从一后肢掌底处下刀，沿股内侧长短毛分界线挑开皮肤至肛门前缘约 3 厘米处，再继续挑向另一后肢掌底处。沿尾腹部正中线从肛门后缘下刀挑开尾皮至尾的 1/2 处。将肛门周围所连接的皮肤挑开，留一小块三角形皮肤在肛门上。将前爪从腕关节处剪掉，或把此处皮肤环状切开。按国家标准规定，后裆开割不正的水貂皮，按自鼻尖至臀部最近点的垂直距离测量长度，反而会降低皮张尺码，因此要规范挑裆。开后裆时用刀的尖刃划透皮肤即可，没必要下刀太深，免得把骚腺划破弄得满屋腥臊。

2. 抽尾骨　剥离尾的下刀处，用一手或剪刀把固定尾皮，另一手将尾骨抽出，再将尾皮全部剪开至尾尖部。

3. 剥离后肢　用手撕剥后肢两侧皮肤至掌骨部，用剪刀剪断，但要使后肢完整而带爪；然后剪断母貂的尿生殖褶或公貂的包皮囊。

4. 翻剥躯干部　将皮貂两后肢挂在铁钩上固定好，两手抓住后裆部毛皮，从后向前（或从上向下）筒状剥离皮筒至前肢处，并使皮板与前肢分离。

5. 翻剥颈、头部　继续翻剥皮板至颈、头部交界处，找到耳根处将耳割断，再继续前剥将眼睑、嘴角割断，剥至鼻端时，再将鼻骨割断，使耳、鼻、嘴角完整的留在皮板上，注意勿将耳孔、眼孔割大。市面已有一整套水貂剥皮的生产线出售（图8-2）。

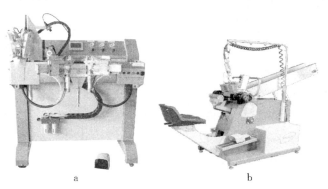

a　　　　　　　　　　b

图8-2　毛皮加工设备

a. 切分机　b. 剥皮机

第二节　生皮的初加工

水貂皮张的初加工包括刮油、修剪、洗皮、上楦、干燥等步骤。

一、刮油

刮油的目的是把皮板上的油脂、残肉清除干净，以利于皮张上楦和干燥。剥下的鲜皮宜立即刮油。如来不及马上刮油，应将皮板翻到内侧存放，以防油脂干燥，造成刮油困难。在寒冷地区的水貂场，往往在冬皮成熟时，先集中将水貂处死，剥下皮张，用雪埋藏或放在冷库内，然后安排计划刮油。如用雪埋藏，在埋藏前应先把皮冰冻，然后雪埋。贮藏时，温度不宜低于零下 10 ℃，否则会影响皮张质量。

刮油可用手工或机器，也可用机器粗刮后再用手工细刮。刮油一定要避免技术不熟练或粗心，在皮板上割开裂口，这种损伤会大大降低皮张的等级。同时也要避免油刮得过分，使皮板露出毛根，甚至带出针毛。这种损伤会使毛皮在干燥后针毛脱落，造成缺针，同样会大大降低毛皮等级。

1. 手工刮油　将鲜皮毛朝里、皮板朝外套在特制的刮油棍上，使皮板充分舒展铺平，勿有折叠和皱褶。刮油的步骤是从尾部、后肢向前直至耳根。刮油时右手平稳持刀，左手按住皮板，刀面与皮张角度要小，用力要均匀，边刮边用锯末搓洗皮板，以防油脂过多而污染毛皮。头部肌肉可以不刮，待下一步修剪。母貂乳房、公貂阴茎部位和前腋下最容易刮破，刮到这些部位时要特别小心。刮油的标准是去净油脂，不要用力过度，以免刮破毛根，造成毛绒脱落。

2. 机械刮油　用刮油机
（图8-3）刮油，不仅速度快，
而且皮张洁净，不易出现破口。
一台刮油机由两个人操作。其
中一人将皮张套在特制的刮油
棍上；另一人站在刮油机的左
后侧，左手固定皮筒，右手操
纵刮刀使其紧靠皮板。工作时

图8-3　旋转刮肉机

给以轻轻的压力，刮一下转动一下皮筒。从头部向后刮，刮至
后部将刀离开皮张，再移至头部向后刮。严禁在一个部位刮两
次，更不可在一个部位停留，否则会损坏毛皮。由于刮油机叶
轮转速达1 725转/分钟，脂肪很容易溶化而污染滚筒。因此，
每套一张皮时，应先用干毛巾把滚筒擦净。有的刮油机带有一
个强力吸尘器，能通过吸进管嘴把刮油时溅落的脂肪和肌肉组
织迅速地吸入一个容器内，从而减少对滚筒的污染。

二、修剪

刮油时，皮张的边缘、尾部、四肢和头部不易刮净，可
用剪子将残留的肌肉和脂肪剪净，并将耳孔适当剪大。注意
勿将皮板剪破，造成破洞。修剪后将皮板用锯末搓擦，抖净
锯末后，准备洗皮。

三、洗皮

水貂在刮油后，要用小米粒大小的硬质锯末或粉碎玉米芯

洗皮，目的是去除皮板和毛绒上的油脂。不能用麸皮和有树脂的锯末洗皮。先洗掉皮板上浮油，再洗毛被，要求洗净油脂并使毛绒清洁达到应有的光泽。皮板和毛绒应分别洗，洗完皮板后再翻过来洗毛面。洗皮有手工洗皮和机械洗皮两种方法。

1. 手工洗皮　将修剪好的皮张（皮板向外）放在洗皮盘中，用锯末充分搓洗皮板。将板面油脂搓净后，翻过皮筒放在另一盘中再洗毛面，洗至无油脂、出现光泽时为止。洗好后用手抖净附在毛皮上的锯末。若皮的毛绒污染严重，可在锯末中加一些酒精或中性洗衣粉洗涤。伤口、缺肢和断尾等各种损伤都要缝合、修补好。

2. 机械洗皮　可用毛皮清洗机（图 8-4）实现机械洗皮。机械洗皮使用转笼和转鼓。操作时，先将皮筒的板朝外放进有锯末的转鼓里，转几分钟后，将皮取出，翻转皮筒使毛被朝外，再次放进转鼓里

图 8-4　毛皮自动清洗机

洗。洗净后用转笼转，以抖掉锯末和尘屑。转笼、转鼓速度应控制在 18～20 转/分钟。若转速太大，离心力过大，会致使皮板贴在壁上，达不到洗涤的效果。转笼运转 5～10 分钟后即可洗好。

四、上楦

1. 正确选择楦板规格　上楦的目的是使鲜皮干燥后有符合商品皮要求的规格形状。楦板的规格有严格要求（表 8-1）。

为使水貂皮上楦后通气良好，在楦板两面和两侧开有槽沟（表8-2）。国外进口的楦板是中空的，可增加透气性，以利于干燥。新楦板用碱水煮沸30分钟脱鞣，再用清水漂净，晾干后使用。

表8-1 水貂皮楦板规格（厘米）

距尖端	宽度	
	公貂楦板	母貂楦板
2	3.0	2.7
5	4.5	4.1
10	5.4	4.7
20	6.4	5.2
50	8.7	6.9
90	11.5	8.5
95	11.5	8.5
110	11.5	—

表8-2 水貂楦板开槽标准

楦板类型	开槽部位	开槽要求
公貂楦板（长110厘米，厚1.1厘米）	正、反面，尖端到10厘米这间，于中间位置	开浅槽，槽宽2厘米、深0.2厘米，并与中心透槽两侧的浅槽相通
	正面，距尖端11厘米始	开透槽，槽长70厘米、宽0.6厘米
	两侧面，距尖端13厘米处始	开透槽，槽长15厘米、宽0.2厘米
	正、反面，距尖端11厘米处始，于中心透槽两侧	开浅槽各一条，槽长80厘米、宽2厘米
	沿楦板周边（不含末端）	开浅槽，槽宽0.3厘米、深0.3厘米

（续）

楦板类型	开槽部位	开槽要求
母貂楦板（长95厘米，厚1厘米）	正、反面，尖端到10厘米这间，于中间位置	开浅槽，槽宽1.5厘米、深0.2厘米，并与中心透槽两侧的浅槽相通
	正面，距尖端11厘米始	开透槽，槽长55厘米、宽0.6厘米
	两侧面，距尖端11厘米处始	开透槽，槽长15厘米、宽0.2厘米
	正、反面，距尖端11厘米处始，于中心透槽两侧	开浅槽各一条，槽长70厘米、宽1.5厘米
	沿楦板周边（不含末端）	开浅槽，槽宽0.3厘米、深0.3厘米

　　有些养殖户自制楦板时把宽度略变窄0.5～1厘米，认为一般人不易看出来，皮张能长出一些好多卖点钱。这是一种投机取巧、弄虚作假的欺骗行为，在行家面前肯定暴露。应按国家收购标准规定，按统一楦板上楦。也有人错误地认为，上楦时用力拉抻皮板可以延伸皮板长度，事实上皮板过度拉伸反而会因毛绒空疏降低等级。正确的做法是若上柱时尾皮距上个尺码线不超过3厘米，则可将尾皮拉至这个位置，若差得太多则不要过分拉抻。貂皮拉升机（图8-5）可以确保貂皮调整和拉伸过程中，动

图8-5　貂皮拉升机

态地测量貂皮和调节拉力，以确保最佳的拉伸。如果貂皮不能拉升到下一个长度登记，设备可以自动平衡貂皮的长度及质量。

2. 上楦要求　头部要上正，左右要对称，后裆部、背腹部皮缘要基本平齐，皮长不要过分拉抻，尾皮要平展并缩短。

上楦先用旧报纸成斜角形状缠在楦板上，把水貂皮套在带纸的楦板上，先拉两前腿调正，并把两前腿顺着腿筒翻入胸内侧，使露出的腿口和全身毛面平齐。在烘干条件较差或自然晾干的水貂场，为了防止貂腿在内侧不能及时干燥而造成闷皮脱毛，可以先将貂皮两前腿板朝外，在 6～7 成干时再顺着腿筒翻入胸内侧。然后翻转楦板，使貂皮背面向上，上正头部，拉两耳使头部尽量伸长，但不要拉貂皮任何有效部位，最后拉臀部。如果和打尺板上的某一刻度接近，可以拉到这个刻度。用比臀部稍窄的硬纸片或细孔网状物的下一端与拉到一定刻度的臀部貂皮固定在尾根处。两手固定不动，用两拇指从尾根开始依次横拉尾的皮面，折成许多横的皱褶，直至尾尖。如此反复拉 2～3 次，以缩短尾皮长度为原长的 2/3 或 1/2，再把折成的许多小横褶放平，然后把纸板或细孔网状物翻下来压满尾上，用摁钉或钉书钉固定。要防止此处闷皮脱毛。

水貂皮背面上好后，翻为腹面向上，拉宽左右腿和腹侧，铺平在楦板上，使腹面和臀部边缘平齐，再拉宽两后腿，使两腿平直靠近。压网状物用钉固定，再把下唇折入里侧。上好楦后，准备烘干。

五、干燥

　　干燥的目的是去除鲜皮内的水分，使其干燥成型并利于保管贮存。上好楦的皮张干燥方法有烘干和风干两种。无论哪种干燥形式，待皮张基本干燥成型后，均应及时下楦。提倡毛朝外上楦吹风干燥，效率高，加工质量好。

　　1. 风干法　是利用风干机鼓风干燥（图 8 - 6）。上好楦板的皮张，应分层放置于风干机的皮架上，将皮张张嘴套入风干机的气嘴上，让空气通过皮张腹腔带走水分风干。鲜皮最适宜的干燥温度为 18～25 ℃，湿度为 55％～

图 8 - 6　毛皮干燥间及干燥设备

65％，每管排风量为 0.022～0.028 米³/分钟。鲜皮吹风至24～30 小时下楦，更换楦板继续吹风，干燥时间为 48～60 小时。

　　2. 烘干法　即用热源加温烘干干燥。将上好楦的皮张放在晾皮架上，室温最好维持恒定（18～25 ℃），湿度为55％左右。要设专人看管，在烘干过程中不断倒换皮张方向和位置，以便尽快干燥。24 小时后，毛皮中的大部分水分将会散发掉。公兽楦板吸收水分较多，此时必须更换干燥的楦板和纸，继续干燥 48～60 小时。母兽皮应干燥 36～38小时。

六、整理贮存

1. 下榁 下榁前一定要把图钉去除干净。下榁的皮张首先要进行风晾，即下榁后的皮张用细铁丝从眼孔穿过，每20张一串，在室温13℃左右、相对湿度65%～70%的黑暗房间内悬挂几天。然后用转笼、转鼓机械洗皮除去油污和灰尘。

2. 整理贮存 干透的毛皮还要用毛巾擦拭毛面，去除污渍和尘土，遇有毛绒缠结情况要小心把缠结部位梳开。按毛皮收购等级、尺码要求初验分类，把相同类别的皮张分在一起。初验分类后，将相同类别的皮张背对背、腹对腹的捆在一起，放入纸、木箱内暂存保管，每捆或每箱上加注标签，标注等级、性别、数量。初加工的皮张原则上尽早销售处理，确需暂存贮藏时，要严防虫灾、火灾、水灾、鼠灾和盗窃发生。

第三节 皮张分级标准

为了适应水貂皮的生产、加工、进出口检查，我国于2017年12月发布水貂皮国家标准《裘皮 水貂皮》（GB/T 14789-2017），于2018年7月1日正式实施。本标准结合我国水貂皮生产、流通的实际，采取主观检验和客观检验相结合的方法，对水貂皮分别对长度、毛皮品质进行分级。

一、长度规格

皮张不分公、母皮，水貂皮的尺码标准见表8-3。

表8-3　长度规格（厘米）

尺码号	长度（L）
0000	$L>95$
000	$89<L\leqslant95$
00	$83<L\leqslant89$
0	$77<L\leqslant83$
1	$71<L\leqslant77$
2	$65<L\leqslant71$
3	$59<L\leqslant65$
4	$53<L\leqslant59$
5	$47<L\leqslant53$
6	$\leqslant47$

上述尺码的间隔均为6厘米，为1档。测量时由工作人员在刻有标准尺码的案板上操作。量皮方法是测量从皮的尾根至鼻尖的距离。如遇档间皮，其长度就下不就上，如正好达到65厘米，这一张皮应为3号皮，而不能放到上一档中。

二、分级

水貂皮品质等级标准见表8-4。

表8-4　水貂皮品质等级标准

级别	品质要求
特级	正季节皮，皮型完整、洁净，板质良好；针毛、绒毛基本平齐，灵活；毛色纯正、光亮，背腹基本一致；针毛齐全，疏密基本均匀，针毛、绒毛长度比适中；无伤残

级别	品质要求
一级	正季节皮，皮型完整、洁净，针毛、绒毛品质、结构和板质略差于特级皮标准要求 具有特级、一级皮质量，并具有下情况之一者：
二级	皮型不整； 加工撑拉过大； 自咬伤、擦伤、小瘢痕、破洞或白撮毛集中一处，面积不超过 2 米²； 皮身有破口，总长多不超过 2 厘米； 保存良好的陈板皮
三级	不符合一级、二级规定，或具有下列情况之一者： 毛峰轻微勾曲； 毛绒空疏； 不具备色型特征的彩貂皮和杂花色皮

下列情况不作为一级、二级、三级的缺陷：①缺尾不超过全尾的 50%；②腹部有垂直的白线，宽度不超过 0.5 厘米；③腹后裆秃针不超过 5 厘米²；④皮身有少数分散白针；⑤尾部和爪部板面略带灰色素；⑥下颌白斑面积不超过 5 厘米²；⑦耳、眼、鼻边缘略带夏毛

注：彩色貂皮（含黑十字水貂皮）也适用此皮质要求。

三、品质比差

等级经差：特级 100%，一级 85%，二级 75%，三级 60% 以下。

公母比差：公皮 100%，母皮 70%。

毛色比差：标准水貂皮毛色比差，褐色以下 95%，褐色 100%，褐色以上 105%。彩色水貂皮按表 8-5 执行。

表 8 - 5 彩色水貂皮毛色比差

黄色组	蓝色组	灰色组	白色组	比差（%）
米黄色	天蓝色	正灰色	雪白色	105
土黄色	浅蓝色	灰色	银白色	100
灰黄色	银蓝色	浅灰色	黄白色	95

注：①十字貂皮归为白色组；② 不具备色型特征的彩色水貂皮和杂花色水貂皮，按 95%。

第八章 水貂皮的初加工技术

参 考 文 献

白献晓，向前，2002. 水貂高效饲养指南 [M]. 郑州：中原农民出版社.

李富金，王晓艺，2017. 毛皮动物免疫程序简介 [J]. 山东畜牧兽医，38（4）：45.

李志鹏，李光玉，钟伟，等，2011. 水貂配种方式的对比研究 [J]. 中国畜牧兽医，38（2）：255-257.

李忠宽，李红，张秀莲，2007. 科学养貂 200 问 [M]. 北京：中国农业出版社.

马泽芳，2015. 美国水貂养殖业及其养殖技术 [J]. 经济动物学报，19（1）：6-9.

马泽芳，崔凯，王书安，等，2016. 光照对繁殖期水貂体内孕酮及繁殖性能的影响 [J]. 中国畜牧杂志，52（7）：71-75.

蒲德伦，朱海生，2015. 家畜环境卫生学及牧场设计 [M]. 重庆：西南师范大学出版社.

朴厚坤，1981. 水貂妊娠期的营养需要及饲养管理 [J]. 毛皮动物饲养（1）：17-19.

苏伟林，荣敏，2015. 养貂技术简单学 [M]. 北京：中国农业科学技术出版社.

佟煜人，2002. 水貂的饲养管理 [J]. 特种经济动植物（4）：3-4.

佟煜人，2002. 水貂冬毛生长期的饲养管理 [J]. 特种经济动植物（9）：4.

佟煜仁，2003. 水貂准备配种期的饲养管理要点 [J]. 特种经济动植物（10）：4-6.

佟煜仁，谭书岩，2007. 图说高效养水貂关键技术 [M]. 北京：金盾出版社.

佟煜仁，张志明，2008. 怎样提高养水貂效益 [M]. 北京：金盾出版社.

王凤波，2017. 水貂准备配种期的饲养管理技术 ［J］. 现代畜牧科技
（11）：36.

王巨滨，1984. 貂病 ［M］. 郑州：河南科学技术出版社.

王凯英，李光玉 .2014. 水貂养殖关键技术 ［M］. 北京：金盾出版社.

魏海军，2012. 水貂准备配种期营养与标准化饲养 ［J］. 特种经济动
植物，15（1）：2 - 7.

颜培实，李如治，2011. 家畜环境卫生学 ［M］.4 版. 北京：高等教
育出版社.

杨淑慧，2008. 中国野生动物养殖业可持续发展策略研究 ［D］. 哈尔
滨：东北林业大学.

张海华，李光玉，邢秀梅，等，2011. 水貂营养研究进展 ［J］. 中国
畜牧兽医，38（9）：19 - 23.

张立伟，王忠艳，2009. 中国水貂养殖业与先进国家的差距 ［J］. 当
代畜牧（2）：47 - 49.

张志明，2005. 从中国与丹麦、美国水貂养殖现状比较看中国水貂产
业化发展方向 ［J］. 特种经济动植物（9）：2 - 5.

中国土产畜产进出口总公司，1980. 水貂 ［M］. 北京：科学出版社.

参考文献

图书在版编目（CIP）数据

水貂高效养殖关键技术／王利华主编．—北京：
中国农业出版社，2018.12
（特种经济动物养殖致富直通车）
ISBN 978-7-109-24691-1

I.①水… II.①王… III.①水貂-饲养管理 IV.
①S865.2

中国版本图书馆 CIP 数据核字（2018）第 227978 号

中国农业出版社出版
（北京市朝阳区麦子店街 18 号楼）
（邮政编码 100125）
责任编辑 周锦玉

北京中兴印刷有限公司印刷 新华书店北京发行所发行
2018 年 12 月第 1 版 2018 年 12 月北京第 1 次印刷

开本：850mm×1168mm 1/32 印张：8.5
字数：180 千字
定价：24.00 元
（凡本版图书出现印刷、装订错误，请向出版社发行部调换）